# RICHTLINIEN FÜR DEN BAU UND BETRIEB VON KRANKENANSTALTEN

AUFGESTELLT VOM GUTACHTERAUSSCHUSS FÜR
DAS ÖFFENTLICHE KRANKENHAUSWESEN
IN DEN JAHREN 1925—1928

SPRINGER-VERLAG BERLIN HEIDELBERG GMBH

ISBN 978-3-642-98920-9 ISBN 978-3-642-99735-8 (eBook)
DOI 10.1007/978-3-642-99735-8

# Vorwort.

Der *Gutachterausschuß für das öffentliche Krankenhauswesen* ist im Jahre 1922 aus gleichzeitigen Tagungen von Krankenhausdezernenten, Krankenhausärzten und leitenden Verwaltungsbeamten deutscher Krankenhäuser hervorgegangen; zu seinem Vorsitzenden wurde Geheimrat Dr. Alter, Düsseldorf, gewählt. Mit der Gründung des Gutachterausschusses sind zahlreiche Anregungen zur Bildung einer *Zentralstelle* für das öffentliche Krankenhauswesen verwirklicht worden.

Der Gutachterausschuß hat sich in der ersten Zeit seines Bestehens mit den Aufgaben befaßt, die Kriegs- und Nachkriegszeit den deutschen Krankenhäusern gestellt haben. Sein Arbeitsfeld hat sich im Laufe der Jahre immer mehr erweitert: er hat seine Arbeiten auf alle Angelegenheiten des gesamten Krankenhauswesens auf dem Gebiete der Verwaltung, Organisation, Hygiene, Technik, Architektur, Finanzierung und der Krankenhauspolitik erstreckt.

Der Gutachterausschuß vereinigt führende Persönlichkeiten des öffentlichen Krankenhauswesens aus den Kreisen der Städte, Landkreise, Landgemeinden, Provinzen und Universitäten. Mit dem Reichsverband der freien gemeinnützigen Kranken- und Pflegeanstalten Deutschlands hat er eine Arbeitsgemeinschaft gebildet. Im März 1928 ist der Gutachterausschuß auf die neugegründete *Arbeitsgemeinschaft der kommunalen Spitzenverbände für das Gesundheitswesen* übergegangen, zu der sich der Deutsche Städtetag, der Deutsche Landkreistag, der Reichsstädtebund, der Verband der preußischen Provinzen und der Deutsche Landgemeindetag zusammengeschlossen haben; seine Geschäftsführung liegt jetzt beim *Deutschen Städtetag*.

Bisher haben 17 Tagungen des Gutachterausschusses stattgefunden, über die ausführliche Berichte in der Zeitschrift für das gesamte Krankenhauswesen veröffentlicht worden sind. Die Ergebnisse der Verhandlungen sind zumeist in Richtlinien, Leitsätzen und Entschließungen zusammengefaßt. Die Richtlinien, die der Gutachterausschuß aufgestellt hat, haben in weitesten Kreisen — auch im Auslande — Beachtung gefunden. Sie stellen naturgemäß keine bindenden Vorschriften dar, sondern sollen den Trägern der Krankenanstalten, den Krankenhausverwaltungen, den Ärzten und allen sonstigen Stellen, die sich mit dem Krankenhauswesen befassen, Anregungen für die Verbesserungen des Krankenhausbetriebes geben. Die kommunalen Spitzenverbände haben als solche keine Stellung zu den Richtlinien genommen. Aus Kreisen der Praxis ist der dringende Wunsch geäußert worden, die Richtlinien zusammenzufassen und gesammelt herauszugeben. Dieser Anregung soll mit diesem Büchlein entsprochen werden. Die Richtlinien sind — worauf besonders hingewiesen sei — in der Form abgedruckt, in der sie seinerzeit aufgestellt sind. Eine Neuredaktion der Richtlinien ist nicht erfolgt.

Der Vollständigkeit halber sei über zwei Besonderheiten des Gutachterausschusses noch kurz berichtet.

Der Gutachterausschuß unterhält im Städtehaus in Berlin eine *Auskunftsstelle*, die über sämtliche Angelegenheiten des Krankenhauswesens Auskunft erteilt. Die Auskunftsstelle wird in großem, immer steigendem Umfange um Rat angegangen. Ihre Tätigkeit erstreckt sich insbesondere auch auf die Erstattung von Gutachten für den Neubau und die Erweiterung von Krankenanstalten sowie für die Wärme- und Energiewirtschaft im Krankenhause. Hierfür stehen der Auskunftsstelle namhafte Fachmänner zur Verfügung. Die Auskunftsstelle wird von Prof. Dr. Hoffmann, Direktor im Hauptgesundheitsamt der Stadt Berlin, geleitet.

Als ständige Einrichtung des Gutachterausschusses und des Reichsverbandes der freien gemeinnützigen Kranken- und Pflegeanstalten Deutschlands besteht der „*Fachnormenausschuß Krankenhaus*“ (*Fanok*), der die Aufgabe hat, sämtliche Gegenstände des Krankenhauswesens zu normen. Der Fanok, der dem „Deutschen Normenausschuß“ angegliedert ist, hat bereits wertvolle Arbeit geleistet. Eine Reihe von Gegenständen ist bereits genormt, weitere Krankenhausartikel sind in der Normung begriffen. Der Vorsitzende des Fanok ist ebenfalls Prof. Dr. Hoffmann.

# Inhaltsverzeichnis.

# Neubau von Krankenanstalten (R. A.).

Aufgestellt im November 1925.

## I. Vorbemerkung.

Die Richtlinien für den Neubau von Krankenanstalten nehmen nur zu denjenigen Fragen Stellung, in denen sich der Gutachterausschuß für sachkundig hält; sie bedeuten Ratschläge aus den Erfahrungen Sachverständiger. Sie setzen voraus, daß zu jedem Neubau von Krankenanstalten die allgemeinen hygienischen Vorfragen (Bauplatz, Untergrund, Klima usw.) geklärt sind, und daß die bauwillige Verwaltung in allen technischen Einzelfragen von tüchtigen und an der Ausführung des Baues persönlich uninteressierten Sachverständigen beraten wird. Die behördlichen Vorschriften werden gleichfalls als bekannt vorausgesetzt.

Die Richtlinien gelten nur für den Neubau von allgemeinen Krankenhäusern; für Irrenanstalten, Infektionsbauten, Kinderkrankenhäuser, andere Sondertypen und Umbauten sind besondere Richtlinien vorgesehen.

Ergänzende Auskünfte und eingehendere Äußerungen zu den Richtlinien erteilt die Auskunftstelle, Berlin NW 40, Alsenstraße 7.

## II. Beratung zu Neubauten.

Zu jedem Neubau von Krankenanstalten sind in erster Linie und von Anfang an Berater aus den im Krankenbetrieb erfahrenen Berufskreisen zu hören: aus den Kreisen der Krankenhausärzte, der Verwaltungsbeamten und sonstiger für die Krankenpflege und Bewirtschaftung maßgeblichen Personen; ihr bestimmender Einfluß muß durch Vermittlung der bauwilligen Verwaltung mit der Leistung der Architekten und Ingenieure harmonisch zusammenwirken.

## III. Lage von Krankenhäusern.

Neubauten von Krankenanstalten sollen — wenn nicht besondere Verhältnisse Abweichungen *begründen* — nicht im Innern von Städten oder Ortschaften, sondern in Außenbezirken erfolgen, an einer Stelle, an der umfangreiche Freiflächen für spätere Erweiterungen zur Verfügung stehen und bereitgehalten werden können; der Bebauungsplan der ganzen Umgebung eines neuen Krankenhauses ist von vornherein festzulegen. Für gute Verkehrsverhältnisse muß gleichzeitig mit der Errichtung des Neubaues gesorgt, in Städten mit Straßenbahnen muß mindestens eine Straßenbahnlinie zum Krankenhaus geführt werden; Anschlußgleise von Straßenbahn und Eisenbahn sind für den Betrieb vorteilhaft. Grundstücke an Hauptverkehrsstraßen sind wegen der Ruhestörung durch den Verkehr für Krankenhäuser nicht zweckmäßig. Die Benutzung fertiger Straßen ist zu empfehlen, um den Neubau nicht mit Straßenkosten zu belasten; dabei muß aber geprüft werden, ob die vorhandenen Leitungen und Kanäle den Anforderungen der zu erbauenden Anstalt nachhaltig genügen. Industrieviertel sind zur Anlage von Krankenanstalten nicht geeignet. Es muß auch darauf Rücksicht genommen werden, daß das Krankenhausgelände nicht einer vorherrschenden Windrichtung ausgesetzt ist, die eine starke Berußung oder andere Nachteile bedingt.

Neubauten von Krankenanstalten in Gelände- und Wirtschaftsgemeinschaft mit vorhandenen Anstalten, die nach den vorstehenden Richtlinien günstig gelegen sind, sind der Dezentralisation vorzuziehen.

## IV. Größe des Anstaltsgeländes.

Bei allgemeinen Krankenanstalten ist ein Geländeausmaß von 100 qm für jedes geplante Bett die Mindestzahl, 200 qm je Bett sind für Neuanlagen, die nicht als Hochhäuser entstehen, zu empfehlen.

## V. Größenausmaß.

Neubauten von Krankenhäusern unter 50 Betten sind als betriebstechnisch einwandfreie Anlagen unwirtschaftlich, in vollwertiger Leistung des ärztlichen Apparates unverhältnismäßig kostspielig und daher nicht zu empfehlen; auch für kleinere Krankenhäuser muß mindestens eine Bettenzahl von 50 oder mehr vorgesehen und gesichert werden — gegebenenfalls durch Zweckverbände. Mit der zunehmenden Größe des Krankenhauses mindern sich die Baukosten und die nachhaltigen Betriebskosten je Krankenbett.

## VI. Bauplan und Gliederung.

Der Bauplan hat die bestmögliche Gliederung der vorgesehenen Anstalt und ihrer Einrichtungen zu gewährleisten. Dabei ist unter allen Umständen zu berücksichtigen, daß jedes Krankenhaus sich im Laufe der Entwicklung vergrößert. Der Bauplan muß also nicht nur eine von vornherein zweckmäßige Verteilung der Räume ergeben, sondern auch eine Gliederung vorsehen, die spätere Erweiterungen, zum mindesten bis zum Doppelten der ursprünglichen Belegungsziffer, ohne Schwierigkeiten ermöglicht. Die Krankenhäuser, die Krankenabteilungen und die Wirtschaftsanlagen müssen so angeordnet werden, daß spätere Erweiterungen mit tunlichst geringen Aufwendungen möglich sind und keine Störungen und Durchkreuzungen der ursprünglichen Gliederung und des laufenden Betriebes ergeben. Die Lage der einzelnen Gebäude zueinander ist so anzuordnen, daß keinerlei gegenseitige Belästigung eintritt. Neigungen des Geländes sind so zu berücksichtigen, daß sie keine Betriebsnachteile ergeben.

Die Zahl der Eingänge ist tunlichst zu beschränken; der Haupteingang ist an der Breitseite des Grundstückes anzuordnen; er soll gleichgünstige Zugangsmöglichkeiten für Verwaltung, Wirtschaftsanlagen und Krankenabteilungen eröffnen. Sämtliche Eingänge müssen mit geringem Personalaufwand ständig überwacht werden können.

Auch in jeder anderen Beziehung ist bei der Feststellung des Bauplanes auf größtmögliche Ersparnis an Personal durch zweckmäßigste Verteilung der Bauten und Räume Rücksicht zu nehmen. Eines der wichtigsten Mittel dazu ist tunlichste Beschränkung in der Zahl der Gebäude, die auch in jeder anderen Beziehung aus wirtschaftlichen Rücksichten zu empfehlen ist.

## VII. Krankenhaustypen.

Vor einem Neubau von größeren Krankenanstalten ist neben einer Planung nach dem Normaltyp erwägenswert, ob man ein älteres vorhandenes Krankenhaus nicht ausschließlich für ein Geschlecht bestimmt und das neue Krankenhaus ausschließlich für das andere Geschlecht baut. Bei jeder Krankenhausplanung verdient grundsätzlich besondere Berücksichtigung das Kinderkrankenhaus, d. h. die grundsätzliche Trennung aller Personen, die das 14. Lebensjahr noch nicht vollendet haben, von den Erwachsenen, zur Vereinigung in besondere Krankenhäuser, die unter der Oberleitung eines Pädiaters stehen und Abteilungs- und Fachärzte für alle Spezialgebiete vorsehen. Weitere Typen, die bei Neubauten in Frage kommen, sind das Leichtkrankenhaus und das Krankenhaus für psychisch Unzulängliche. Eine Errichtung von Leichtkrankenhäusern stellt sich wohlfeiler als der Neubau allgemeiner Krankenanstalten und ist geeignet, solche erheblich zu entlasten. Bauten für psychisch Unzulängliche entlasten allgemeine Krankenanstalten und Irrenanstalten. Beide Typen werden zweckmäßig in Gelände- und Wirtschaftsgemeinschaft mit allgemeinen Krankenanstalten errichtet.

## VIII. Bauformen.

Hochhäuser, Korridoranlagen und Pavillonsystem ergeben bei guter Grundrißzeichnung gleichmäßig gute Voraussetzungen für Betrieb und Heilzweck des Krankenhauses. Das Pavillonsystem ist am kostspieligsten, das Barackenkrankenhaus in seiner alten Form, mit großen Sälen, nicht zu empfehlen. Für kleinere Krankenhäuser kann nur der Blockbau, also das Korridorsystem, angeraten werden. Grundsätzlich ist zu berücksichtigen, daß ein Krankenhaus in Anlage und Einrichtung verhältnismäßig rasch veraltet. Es empfiehlt sich daher, die Bauten entweder unter Wahrung der Zweckmäßigkeit wohlfeil zu errichten oder den Bauplan so zu gestalten, daß Räume und Einrichtungen ohne allzu große Kosten zur Anpassung an die Fortschritte im Krankenhauswesen verändert werden können. Auch die Möglichkeit einer späteren Verwendung für andere Zwecke wird besonders bei kleineren Häusern zu berücksichtigen sein. Eine Verbindung der mit Kranken belegten Gebäude durch oberirdische gedeckte Gänge leichtester Bauart ist zweckmäßig, aber nicht notwendig.

## IX. Bauart.

Die beste Bauart ist der Ziegelbau. Reine Beton- oder Eisenbetonbauten sind für Krankenhäuser unbrauchbar, weil in ihnen eine wirksame Schallhygiene nicht möglich ist; sie sind auch wärmewirtschaftlich unpraktisch. Bauten aus anderen Baustoffen sind nicht zu empfehlen.

Besonders unzweckmäßig sind — wegen der Schallübertragung — Zwischendecken aus Eisenbeton.

Die beheizten Bauten sind möglichst luftdicht und wärmedicht herzustellen; sie sollen Doppelfenster erhalten.

Wände unter 50 cm Stärke, große frei stehende Giebel, Fensterbrüstungen und andere Abkühlungsflächen sollen mit Wärme-Isolierungsschichten hergestellt werden.

## X. Baugestaltung.

Krankenhäuser sind reine Zweckbauten; ihre Baugestaltung soll daher von innen nach außen erfolgen und in der schlichtesten Form dem sachlichen Inhalt und Bedürfnis des Krankenhauses Rechnung tragen. Die bauliche Innenausstattung muß aber in sämtlichen Räumen dem Heilzweck des Hauses durch fröhliche, freundliche und künstlerische Wirkungen entgegenkommen; auf gut abgestimmte, lebhaft farbige Wandbehandlung ist besonderer Wert zu legen.

Unterkellerungen sind nur dann angebracht, wenn die Keller ständig benutzt und notwendig gebraucht werden, sonst bedeuten sie eine nachhaltige und unnötige Betriebsbelastung. Küchen und Waschküchen gehören nicht in Kellerräume.

Ungedeckte Balkone und Veranden sind bei den in Deutschland vorherrschenden Klimaverhältnissen von beschränktem Nutzungswert. Gedeckte Veranden sind nur da zu empfehlen, wo sie ständig benutzt werden, und so anzulegen, daß sie die Belichtung, Besonnung und Belüftung der dahinter gelagerten Räume tunlichst wenig beeinträchtigen; es empfiehlt sich dazu Konstruktion mit schmalen Stützen und ohne Unterzüge. Für Belichtung und Besonnung der Krankenräume sind die bestmöglichen Verhältnisse zu schaffen. Die Auflösung mindestens einer Wand des Krankenhauses in eine leicht zu öffnende Fensterfläche, wie sie das Dosquetsche System vorsieht, ist zu empfehlen.

Hohe Dachaufbauten sind bei größeren Krankenhäusern unzweckmäßig, weil sie zum großen Teil überflüssige Räume ergeben und dadurch den Betrieb nachhaltig belasten; ihre Verwendung zu Lagerzwecken ist unvorteilhaft, weil sie zu hohen Personalaufwand bedingt. Nur in kleinen Krankenhäusern sind Dachaufbauten zur Unterbringung von Personal angebracht; in größeren Krankenhäusern soll das Personal grundsätzlich in besonderen Bauten untergebracht werden.

Wo es irgend angeht, sollen die Krankenhäuser flach abgedeckt und die dadurch gewonnenen Flächen zur Freiluftbehandlung von Kranken benutzt werden; es müssen dann Aborte, tunlichst auch Bäder, kleinere Untersuchungsräume, Wirtschaftsräume und gedeckte Speiseräume in diesen Dachabteilungen vorgesehen werden. Die Dachveranden müssen auch so weit mit Glas überdeckt werden, daß die dort lagernden Kranken gegen plötzliches Unwetter geschützt sind.

Alle Treppenanlagen sind so zu bemessen, daß sie mit auf Bahren gelagerten Kranken begangen werden können; die Außenkanten der Treppenstufen sollen überhöht werden.

## XI. Krankenabteilungen.

Eine Krankenabteilung soll höchstens einen Belegraum von 50 Betten vorsehen; Abteilungen für Schwerkranke sollen nicht über 30 Betten umfassen. Die einzelnen Krankenräume sollen höchstens 10, in der Regel nicht mehr als 6 Betten enthalten; es müssen aber auch auf jeder Abteilung mehrere Räume für 4 Betten, für 2 Betten und mindestens 2 Räume für je 1 Bett vorhanden sein. Räume mit mehreren Betten können, wenn das zur Sonderung der Kranken angezeigt ist, durch 2 m hohe Zwischenwände (Glas über gemauertem Sockel) in Boxen zerlegt werden. Neben den Krankenräumen gehören zu jeder Abteilung:

a) 1 Tagesraum,

b) 1 Untersuchungszimmer, das auf chirurgischen Abteilungen als Verbandzimmer einzurichten ist, mit Arztschreibtisch und unmittelbar anschließendem kleinen Laboratorium und kleinem Dunkelraum (Endoskopie),

c) 1 Aufenthaltsraum für die diensttuenden Schwestern,

d) 1 Teeküche mit abgesetztem Geschirrspülraum,

e) 2 Baderäume mit Klosetts,

f) mindestens 2 von den Baderäumen getrennte Klosetts mit Vorraum,

g) 1 Raum für reine Wäsche,

h) 1 Raum für schmutzige Wäsche, in dem Spül- und Desinfektionseinrichtungen, auch für Abgänge der Kranken, vorzusehen sind,

i) 1 Abstellraum mit Putzschrank.

Aborte für das Personal sollen nicht im unmittelbaren Bereich der Krankenabteilungen angeordnet werden.

Zur Aufbewahrung der Eigentumssachen der Kranken ist entweder ein besonderer Raum vorzusehen oder eine Wandschrankanlage in dem Abteilungsflur einzubauen, die jedem Kranken ein verschließbares Schrankabteil nach Art der Fabrikschränke zuteilt.

Die Fußböden der Flure und der zu b) und d) bis i) genannten Räume werden zweckmäßig aus Hartfußboden — in gutgelegten gesinterten Platten oder in Terrazzo mit Eiseneinlage — hergestellt. Für die Krankenräume und die Räume zu a) und c) empfiehlt sich Linoleumbelag, bei Fußbodenheizung gleichfalls Hartfußboden aus Platten oder Terrazzo mit Eiseneinlage.

Als Wandbekleidung ist die Kachelung als das Beste zu empfehlen; in gewöhnlichen Krankenräumen in Höhe von 1,20 m bis 1,30 m, in Infektionsabteilungen in Höhe von 2 m; sie empfiehlt sich auch für Treppenhäuser, Flure und die unter a) bis i) genannten Räume. Wenn und soweit aus den verfügbaren Mitteln Kachelung nicht geleistet werden kann, empfiehlt sich dauerhafter Öl- oder Emailleanstrich.

Besondere Ventilationseinrichtungen (Vorkehrungen zur Zuführung von frischer Luft und zur Ableitung schlechter Luft) erübrigen sich, wenn die Fensterflächen genügend groß bemessen sind und die Fenster so hoch gestellt werden, daß sie bis unmittelbar unter die Decke reichen; leicht zu bedienende Lüftungsflügel (Einfallfenster) sind vorzusehen.

In jedem Krankenzimmer sind — über Hartfußboden — wandfeste Waschbecken mit fließendem kalten und warmen Wasser anzubringen; eine Waschgelegenheit genügt für 3 Kranke. Neben den Waschbecken soll in Mehrbettenzimmern ein Mundspülbecken mit Kaltwasserkran angebracht werden. Über den Waschbecken sind wandfeste Konsolen, am besten aus Glas, für Mundspülgläser anzubringen.

## XII. Installation.

Alle Installationen sollen offen vor die Wand verlegt werden. Leitungen für Kaltwasser und Warmwasser dürfen sich nicht in der Temperatur beeinträchtigen. Warmwasserleitungen sind grundsätzlich als Zirkulationsleitungen anzulegen.

## XIII. Wärmewirtschaft.

Die Wärmewirtschaft ist für den ganzen Bereich des Krankenhauses zu zentralisieren und nach rein wärme-ökonomischen Grundsätzen durchzuführen. In jedem größeren Krankenhaus empfiehlt es sich aus wirtschaftlichen und betriebstechnischen Gründen, sie mit einer Kraftanlage zu verbinden; aus betriebstechnischen Gründen ist dabei die Turbine der Dampfmaschine vorzuziehen.

Als Heizsystem ist Warmwasserheizung oder Niederdruckdampfheizung zu wählen; in Räumen, die rasch erwärmt werden müssen, kommt nur die letztere oder, bei billigem Strom oder eigener Kraftanlage, elektrische Heizung in Frage.

Die Anlage von Fußbodenheizung (Niederdruckdampfheizung in verschweißten Rohren) ist unter Hartfußboden zu empfehlen.

Zu Operationsräumen und Abteilungen mit besonders wärmebedürftigen Kranken, Kleinkindern und Säuglingen ist für die Übergangsjahreszeiten und kalten Sommertage eine Sonderheizung (Sommerleitung) vorzusehen.

Die Warmwasserversorgung soll zentralisiert werden, Verwertung der Rauchgasabhitze ist dazu zu empfehlen.

Heizung und Warmwasserbereitung müssen wegen der verschiedenen Benutzungszeiten getrennt und unabhängig voneinander betrieben werden können.

Selbst bei kleinen Anlagen sind selbsttätige Meßeinrichtungen anzubringen.

Die Möglichkeit zur Einlagerung einer Kohlenreserve ist vorzusehen.

## XIV. Beleuchtung.

Notwendig ist in Krankenhäusern eine Beleuchtung, die dem Arzt Untersuchung, dem Kranken Beschäftigung und Lektüre ermöglicht; für ärztliche Eingriffe ist eine Zusatzbeleuchtung vorzusehen. Zur Nachtbeleuchtung sind besondere Deckenrotlampen anzubringen.

Die bisher benutzten Beleuchtungseinrichtungen sind zum großen Teil lichttechnisch minderwertig und im Betrieb unnötig kostspielig. Mit modernen Beleuchtungsanlagen kann bei wesentlich geringerem Stromverbrauch eine erheblich höhere Nutzwirkung erzielt werden. Es wird empfohlen, bei jedem Neubau von Krankenanstalten zur Regelung der Beleuchtungsfrage einen Beleuchtungstechniker oder eine gutachtliche Äußerung der Deutschen Beleuchtungstechnischen Gesellschaft heranzuziehen.

In Operationssälen und anderen Räumen, in denen ein Versagen der Beleuchtung mit Gefahr für das Leben von Kranken verbunden ist, muß eine Aushilfsbeleuchtung zur Verfügung stehen.

## XV. Sonstige technische Anlagen.

Nicht nur für die Wärme- und Kraftwirtschaft, sondern auch in jeder anderen Beziehung ist eine möglichst weitgehende Verselbständigung des Krankenhausbetriebes zu empfehlen, um Störungen durch Streiks und dergleichen auszuschalten. Auch eine eigene Wasserversorgung kann angebracht und vorteilhaft sein.

In mehrstöckigen Häusern sind sämtliche Stockwerke durch langsam gehende Fahrstühle zu verbinden, die ebenerdig beschickt werden können; in Häusern mit Dachveranden (X) müssen sie bis zu den Dachveranden führen.

Die Anlage von Wäscheschächten ist nicht zu empfehlen.

## XVI. Aufnahme.

Für jedes Krankenhaus sind ausreichende Räume für die Aufnahme vorzusehen. Sie müssen unmittelbar an den Eingang des Hauses gelegt werden und sollen neben für die Geschlechter getrennten Wartezimmern und Aufnahmeräumen auch Aufenthaltsräume für das Aufnahmepersonal, ein besonderes ärztliches Untersuchungszimmer und schleusenartig angeordnete Räume zum Baden und Umkleiden der aufzunehmenden und zu entlassenden Kranken vorsehen.

## XVII. Operationssäle, Kreissäle und dergleichen.

Für Operationssäle, Kreissäle und dergleichen empfiehlt sich mit leichter Senkung zu Fußbodenentwässerungen verlegter Hartfußboden (gesinterte Platten oder Terrazzo mit Eiseneinlage) über Fußbodenheizung und Mattkachelung von Wänden *und Decken*, so daß die Räume vollständig gewaschen und leicht mit Wasserstrahl gereinigt werden können. Wenn vollständige Kachelung aus den verfügbaren Mitteln nicht geleistet werden kann, empfiehlt sich Emailleanstrich über 2 m hohen Kachelsockel.

Auf gute Entlüftung der Operationssäle ist besonderer Wert zu legen, komplizierte Entlüftungsanlagen sind dazu nicht erforderlich und nicht zu empfehlen. Oberlicht ist nicht notwendig und wegen der damit stets verbundenen Gefahr der Verschmutzung von oben bedenklich. Wasch-, Desinfektions- und Sterilisationsanlagen gehören nicht in Operations- und Kreissäle, sondern in Nebenräume; die Instrumentensterilisation wird zweckmäßig zwischen septischen und aseptischem Operationssaal eingeschoben und mit abgesetztem Raum für die Instrumentenreinigung so eingerichtet, daß beide Operationsräume von ihr aus durch Schalter bedient werden können.

Die Grundfläche von Operationsräumen und Kreissälen soll möglichst ausgiebig bemessen werden.

## XVIII. Laboratorien.

Neben den kleinen Laboratorien bei den ärztlichen Untersuchungszimmern der Abteilungen sind in jedem Krankenhaus zentralisierte Laboratorien vorzusehen, deren technische Einrichtung den modernen Anforderungen im Rahmen der vorgesehenen Belegung entspricht; sie sind in den Bau so einzugliedern, daß sie bei Erweiterung des Krankenhauses auf das doppelte Ausmaß vergrößert werden können. Für alle Laboratoriumsräume sind zu empfehlen: Hartfußboden, gekachelter Wandsockel, Arbeitstische aus Glas, Terrazzo oder nach Frankfurter Muster präpariertem Holz. Zu empfehlen sind säurefeste Spülbecken aus Ton.

Größere Anlagen für Bakteriologie und Serologie können mit der Prosektur verbunden werden.

## XIX. Tierställe.

Versuchstierställe oder Versuchstiere dürfen niemals in mit Kranken belegten Gebäuden untergebracht werden; sie gehören unter allen Umständen in besondere Bauten, in denen neben den Stallräumen auch Arbeitsräume vorzusehen sind.

## XX. Röntgenanlagen.

Für kleinere Krankenhäuser genügen im allgemeinen diagnostische Einrichtungen in Form der transportablen Anschlußapparate; röntgentherapeutische Anlagen sind nur vorzusehen, wenn ein durchgebildeter Röntgenologe und röntgentechnisches Hilfspersonal zur Verfügung stehen und uninteressierte sachverständige Beratung die Wirtschaftlichkeit der Anlage gewährleistet. In größeren Krankenanstalten empfiehlt es sich, für die einzelnen Kliniken transportable

Anschlußapparate bereitzustellen, daneben aber ein zentralisiertes Röntgeninstitut für Diagnostik und Therapie zu schaffen. Alle Räume für Röntgenanlagen sollen im Raum sehr ausgiebig bemessen werden und müssen gut lüftbar sein; sie erhalten zweckmäßig Hartfußboden, Mattkachelsockel und hellvioletten Anstrich an Wandoberteilen und Decken. Die Stromzuführung zu den Untersuchungsgeräten soll, soweit das möglich ist, durch Fußbodenleitungen erfolgen; Freileitungen sind auf das Unvermeidliche zu beschränken. Die Aufstellung der Apparate erfolgt zweckmäßig in Räumen neben den Untersuchungs- und Behandlungsräumen; auch dafür ist reichlich Platz vorzusehen. Die Bedienungsräume und Dunkelkammern müssen strahlensicher isoliert sein (Schwerspatplatten). Für den Zugang zur Dunkelkammer, die gut lüftbar sein muß, empfiehlt sich türenlose Schleuse.

## XXI. Therapeutikum.

Für jedes Krankenhaus sind zentralisierte Einrichtungen für Lichtbehandlung, Elektrotherapie, Hydrotherapie und Inhalation vorzusehen. Es ist zweckmäßig, diese Einrichtungen baulich mit einer zentralisierten Röntgenanlage zu vereinigen und im Bauplan so anzuordnen, daß sie einer Benutzung durch ambulanten Verkehr nutzbar gemacht werden können, ohne daß dieser Verkehr das eigentliche Krankenhaus durchläuft. — Auch Räume für Orthopädie und Massage sollen in diesem Bautrakt angeordnet werden.

Alle diese Räume erhalten gleichfalls am zweckmäßigsten Hartfußboden und Kachelsockel; sie müssen räumlich so bemessen und angeordnet sein, daß eine Vergrößerung des Betriebes bis zum Doppelten des ursprünglich vorgesehenen jederzeit möglich ist oder ermöglicht werden kann.

Es empfiehlt sich, alle diese Einrichtungen ebenerdig in gleicher Höhe mit dem Gelände so anzulegen, daß sie ohne Treppen zugängig sind.

## XXII. Räume für Seelsorge.

In jedem Krankenhaus sind größere Räume für Seelsorge, in den Abteilungen für Schwerkranke Einzelzimmer für den gleichen Zweck erwünscht.

Besondere Bauten für seelsorgerische Zwecke sind an die Peripherie der Krankenhausanlage zu legen.

## XXIII. Unterhaltungsräume.

Neben den auf jeder Abteilung vorzusehenden Tagesräumen empfiehlt es sich, im Bauplan von Neubauten größerer Anstalten zentralisierte Unterhaltungs- und Leseräume für Kranke anzuordnen, letztere in Verbindung mit einem Raum für die Krankenhausbücherei.

## XXIV. Räume für Personal.

*a) Pflegepersonal.*

Wohn- und Schlafräume für das Pflegepersonal sollten grundsätzlich nicht im Bereich von Krankenabteilungen, auch möglichst nicht in Krankenpavillons angeordnet werden. Sie gehören in besondere Gebäude oder in von dem Krankenhaus vertikal abgesetzte Bauteile, weil Wohn- und Schlafräume auf den Abteilungen oder im Bereich des eigentlichen Krankenhauses die Erholungsmöglichkeiten des Pflegepersonals beeinträchtigen und dadurch seine Verwendungsdauer beschränken. Für größere Krankenanstalten sind Schwesternheime mit Einzelzimmern im modernen Hotelbautyp zu errichten; sie sollen neben ausreichend groß bemessenen Speise- und Erholungsräumen auch Räume für pflichtmäßige Leibesübungen vorsehen.

*b) Ärzte.*

Wohnungen für Ärzte sind gleichfalls außerhalb des Bereichs der Krankenabteilungen anzuordnen, in größeren Krankenanstalten in besonderen Bauten. In größeren Anstalten sind in den Pavillons für Schwerkranke und Gebärende Nachtarztzimmer vorzusehen.

*c) Sonstiges Personal.*

Hausangestellte und dergleichen sind gleichfalls außerhalb des Bereichs der Abteilungen, in größeren Krankenanstalten außerhalb der Krankengebäude, unterzubringen.

Auch für die Gruppen zu b) und c) sind ausreichend groß bemessene Speise- und Erholungsräume vorzusehen, für die Hausangestellten zweckmäßig im Küchengebäude.

## XXV. Räume für die Verwaltung.

Die Räume für die Verwaltung sind am Haupteingang anzuordnen. Sie sollen die gesamte Verwaltung zentralisieren und in Grundriß und Einrichtung der im Bankwesen eingeführten Regelung entsprechen, also sämtliche Arbeitsplätze in einem Raum so anordnen, daß sie auf dem raschesten Wege miteinander verkehren und von dem leitenden Beamten ohne weiteres übersehen werden können.

## XXVI. Wirtschaftsanlagen.

a) Die Küche gehört in ein besonderes Gebäude oder in einen vertikal abgetrennten Anbau. Sie ist so anzuordnen, daß die eigentliche Küche und ihre sämtlichen Nebenräume in einem Niveau und einem unmittelbar übersehbaren Trakt liegen. Große Höhe der Küchenräume ist nicht erforderlich, wenn für guten Luftwechsel (Frischluftzuführung, Wrasenabführung) gesorgt ist. Die Küche und sämtliche Nebenräume erhalten zweckmäßig Hartfußboden (gesinterte Platten oder Terrazzo mit Eiseneinlage) und gekachelte Wände und Decken. Für die Kocheinrichtungen ist, auch bei ursprünglicher Wahl eines anderen Systems, die Möglichkeit elektrischer

Installation vorzusehen. Auch die Nebenräume der Küche sind von vornherein so zu bemessen, daß sie für das Doppelte der ursprünglich vorgesehenen Belegziffer genügen.

b) In jeder größeren Krankenanstalt muß eine Diätküche vorgesehen werden; sie ist räumlich der Hauptküche anzugliedern.

Das gleiche gilt für die Milchküche, die gleichfalls im räumlichen Zusammenhang mit der Hauptküche, aber in einem gesonderten Raum, einzurichten ist.

c) In räumlichem Zusammenhang mit den Küchen sind ausreichende Kühlanlagen vorzusehen. Einrichtungen zur Eisbereitung sind zu empfehlen.

d) Die Waschküche ist mit allen ihren Nebenräumen in einem Niveau und in einer fortlaufenden Raumgliederung anzuordnen, die dem Gang der Wäsche entspricht und jede Kreuzung im Betrieb verhindert. Wäscheannahme und Wäscheausgabe sind räumlich besonders reichlich zu bemessen; im übrigen gilt auch für die Waschküche als Grundsatz, daß sie mit allen ihren Nebenräumen eine Bodenfläche vorsieht, die dem Doppelten der ursprünglich geplanten Belegung genügt. Die Ausstattung der Waschküche erfolgt gleichfalls am zweckmäßigsten mit Hartfußboden und Kachelbelag an den Wänden und Decken. Auch die Waschräume sollen so angeordnet werden, daß sie von einer Stelle, möglichst sogar von jeder Stelle, in ihrer Gesamtheit übersehen werden können.

Im unmittelbaren Zusammenhang mit der Waschküche sind größere Räume für Näharbeiten (Ausbesserungen und Neuherstellungen) vorzusehen. Auch das Hauptwäschemagazin wird zweckmäßig in der nächsten Nähe der Waschküche angeordnet.

e) Bei Waschküche und Kochküche sind ausreichende Räume für das Personal, auch Umkleide- und Baderäume anzulegen.

f) Bauanlagen zu wirtschaftlichen Regiebetrieben (Bäckerei, Fleischerei, Herstellung kohlensaurer Wasser und dergleichen) sind nur zu empfehlen, wenn sorgfältigste Berechnung nach kaufmännischen Gesichtspunkten die nachhaltige Wirtschaftlichkeit der Anlagen gewährleistet. Bauten zur Schweinemästerei sind auch in kleinen Häusern wirtschaftlich und angebracht, sie müssen einen Quarantänestall vorsehen. Stallanlagen sind so anzuordnen, daß sie die Kranken nicht belästigen (Lärm, Geruch, Fliegen).

g) Bei jedem Krankenhaus sind Vorratsräume jeder Art vorzusehen und so anzuordnen, daß die Benutzung sich betriebstechnisch möglichst vorteilhaft stellt. Das Lebensmittelmagazin ist mit der Küchenanlage baulich zu verbinden.

## XXVII. Desinfektionsanlagen.

Für jedes Krankenhaus, auch für kleinere Häuser, sind Desinfektionsanlagen bereitzustellen. Die Desinfektionsanlage gehört nicht in ein mit Kranken belegtes Gebäude, sondern in das Maschinenhaus; neben den Räumen für Dampfdesinfektion ist auch ein Raum für Trockendesinfektion (heizbare Formalinkammer) vorzusehen. Mit der Desinfektion kann die Aufbewahrung der Privatkleidung der Kranken räumlich verbunden werden.

### XXVIII. Werkstätten.

Werkstätten sind nur in einem Ausmaß vorzusehen, das zu laufenden Ausbesserungen genügt. In Frage kommen: Schreinerei, Anstreicherei, Polsterei mit Sattlerei, Schlosserei, elektrische Werkstatt und Klempnerei. Sämtliche Werkstätten sind zweckmäßig ebenerdig in einem besonderen Bau oder Bautrakt so anzuordnen, daß sie von einer Aufsicht übersehen werden können.

### XXIX. Apotheke.

Für jedes Krankenhaus wird Apotheke oder Dispensieranstalt in zentraler Lage empfohlen.

### XXX. Leichenhaus, Prosektur.

Die Räume für die Leichenaufbewahrung, Leichenöffnung und Leichenbestattung sind im Bauplan so anzuordnen, das Leichenzüge das Krankenhausgelände nicht durchschreiten. Die Innenausstattung dieser Räume soll leichte, rasche und vollkommene Reinigung gewährleisten; Hartfußboden und Kachelung sind zu empfehlen. Für die Leichenaufbewahrung sind Kühlräume vorzusehen, die eine würdige Lagerung ermöglichen. Für Leichenbestattungen sind Aufbahrungs- und Warteraum vorzusehen; die Anlage eines Leichenschauraumes ist auch kleineren Krankenhäusern zu empfehlen.

### XXXI. Gartenanlagen.

Das nicht bebaute Gelände ist gärtnerisch auszugestalten. Die Anlagen sollen so gehalten sein, daß sie den Heilzwecken des Hauses entgegenkommen; sie müssen windgeschützte Rasenflächen vorsehen. Die Gartenwege müssen so hergerichtet werden, daß sie schnell abtrocknen.

Berankungen der Gebäude und dichte Anpflanzungen in ihrer nächsten Nähe sind zur Verhütung von Wandfeuchtigkeit und Ungezieferbelästigung zu vermeiden.

Eigene Blumengärtnerei ist zu empfehlen.

## Umbau zur Erweiterung von Krankenanstalten.

Aufgestellt im Februar 1926.

1. Vor der Planung eines Neubaues von Krankenanstalten soll stets eingehend nachgeprüft werden, ob dem Bedürfnis nicht durch Umbauten zur Erweiterung genügt werden kann. Aber auch solche Umbauten sind unter den gegenwärtigen Verhältnissen nur dann

gerechtfertigt, wenn einem einwandfrei nachgewiesenen Bedürfnis, einer *nachhaltigen* Vermehrung der Krankenzugänge, in anderer Weise nicht abgeholfen werden kann.

2. Als solche andere Möglichkeiten kommen in Frage:

a) Umstellung der vorhandenen Abteilungen zur besseren Ausnutzung der Gesamtbettenzahl, auch nicht belegte Abteilungen für Infektionskranke können nach Desinfektion zur zeitweiligen Entlastung anderer Abteilungen herangezogen werden.

b) Vermehrte Inanspruchnahme anderer, insbesondere privater Krankenhäuser des Zuweisungsbezirkes durch Bildung von Arbeitsgemeinschaften unter Einrichtung und Benutzung einer zentralen Bettennachweisstelle (vgl. § 5 der Fürsorgepflichtverordnung).

c) Errichtung oder Sicherung billiger Unterkünfte für Leichterkrankte (Leicht-Krankenhäuser) in Gelände- und Wirtschaftsgemeinschaft mit vorhandenen Krankenhäusern.

d) Aussonderung sämtlicher Kranken, die das 14. Lebensjahr noch nicht vollendet haben, durch Errichtung eines Kinderkrankenhauses oder Angliederung neuerrichteter Kinderabteilungen.

3. Der Erweiterung durch Anbau ist der vollständige Neubau aus wirtschaftlichen und hygienischen Gründen vorzuziehen:

a) Wenn das alte Krankenhaus infolge unzweckmäßiger Gliederung und veralteter Einrichtungen unverhältnismäßig teuer arbeitet oder aus seiner Lage im Wohnbezirk einen *realisierbaren* Bodenwert erreicht hat, der zuzüglich der für den Umbau erforderlichen Kosten die Kosten eines Neubaues (einschließlich Bauplatz) deckt.

Ein gut gegliederter, in Wärme- und Energiewirtschaft zeitgemäß eingerichteter Neubau ergibt unter allen Umständen nachhaltig günstigere Betriebsverhältnisse, also dauernd geringere Betriebs, d. h. Krankentagskosten, als jede Umbauerweiterung alter Anlagen.

b) Wenn das alte Krankenhaus anderen Zwecken nutzbar gemacht werden kann (Siechenhaus, Altersheim, Waisenhaus, Schule).

c) Wenn die notwendige Bettenvermehrung die technisch höchstmöglich verbesserte Leistungsfähigkeit der vorhandenen technischen Zentralanlagen — Heizung, Küche, Wäscherei — übersteigt, wenn die zur Bettenvermehrung notwendige Erweiterung dieser Anlagen unverhältnismäßig hohe einmalige oder nachhaltige Kosten bedingt und wenn sie auch bei bester Regelung keine Betriebsreserve verfügbar beläßt.

d) Wenn die zur Erweiterung nutzbare Bauplatzfläche das Gesamtareal so vermindert, daß die für jede Krankenbehandlung unentbehrlichen Heilmittel, die in Licht und Luft gegeben sind, zum Unzulänglichen beeinträchtigt werden.

4. Erweiterungsbauten, die eine notwendige Bettenvermehrung ohne genügende Einzelzimmer und Nebenräume schaffen, ergeben im Betrieb unpraktische und nachhaltig teure Abteilungen, sind also grundsätzlich unzweckmäßig.

5. Die Erweiterung in der Vertikalen, durch Aufstockung, ist, wenn sie keine Stützbauten erfordert, in Herstellung und Betrieb

vorteilhafter als die Erweiterung in horizontaler Richtung. Auch gegen Ausbau zum Hochhaus bestehen weder ärztliche noch betriebstechnische Bedenken, wenn die Hochführung bautechnisch ohne übermäßige Kosten möglich ist.

6. Durch Verlegung technischer Anlagen — Küche, Waschküche — in relativ wohlfeile Neubauten können oft im Krankenhaus Räume gewonnen werden, die für Zwecke der Untersuchung und Behandlung unentbehrlich geworden sind.

7. Wenn zur Erweiterung älterer, baulich und betriebstechnisch minderwertig gewordener Krankenanstalten selbständige Neubauten errichtet werden, sollen sie tunlichst nur in Form leichter Massiv-Flachbauten oder Baracken erfolgen, um den Abnutzungswert der Gesamtanlage nicht unzweckmäßig zu erhöhen.

Schwerere Bauformen sind für solche abgesetzte Erweiterungsbauten nur dann zu empfehlen, wenn die Neubauten im Falle einer anderweitigen Verwendung des ganzen Krankenhauses anderen Zwecken nutzbar gemacht werden können.

8. Bei jeder Benutzung der vorstehenden Richtlinien empfiehlt sich Kenntnisnahme der Richtlinien für den Neubau von Krankenanstalten. Auf diese allgemeinen Richtlinien wird besonders zu jeder Bauausführung verwiesen.

# Infektionskrankenhäuser (R. Inf.).

Aufgestellt im Juni 1926.

## Vorbemerkung.

Voraussetzung für die nachfolgenden Richtlinien sind die Richtlinien für den Neubau von allgemeinen Krankenanstalten (R.A.). Auf sie wird Bezug genommen; ihre Festsetzungen gelten sinngemäß auch für Infektionskrankenhäuser.

Für Infektionsabteilungen in Kinderkrankenhäusern sind besondere Einrichtungen notwendig, die in den Richtlinien zum Neubau von Infektionsabteilungen an Kinderkrankenhäusern (R. Inf. K.) festgelegt worden sind.

Die für die kleinen Krankenhäuser im folgenden gegebenen Richtlinien gelten sinngemäß angewendet auch für die größeren Anstalten; sie sind nicht jedesmal wiederholt worden.

## A I. Grundsätzlich Allgemeines.

1. Die Gefahr der Verbreitung der Infektionskrankheiten bedingt eine gesonderte Unterbringung dieser Kranken in den Krankenanstalten, ihre Trennung von den anderen Insassen des Krankenhauses, von der Aufnahme bis zur Feststellung ihrer Ungefährlichkeit oder bis zur Entlassung. Diese Trennung muß räumlich einwandfrei durchgeführt werden. Da, wo die räumliche Trennung nicht ausreicht, muß die Desinfektion die Krankheitskeime abtöten, die

Übertragung verhindern und also gewissermaßen eine „chemische Trennung" durchgeführt werden.

2. Der größere Raumbedarf, der technische und Personalbetrieb bedingen die Kostspieligkeit der Infektionskrankenhäuser. Die öffentliche Wohlfahrt fordert aber die wirksame Bekämpfung der Infektionskrankheiten. Die Unterbringung möglichst aller Infektionskranken in Krankenanstalten ist im Interesse der Volksgesundheit unbedingt notwendig.

3. Die einzelnen Infektionskrankheiten müssen räumlich getrennt untergebracht werden; für die häufigsten kann man daher besondere Gebäude oder Räume bestimmen, die fortlaufend für die gleichen Infektionskrankheiten benutzt werden. Sonst ist bei Belegung eines Raumes mit einer neuen Infektionskrankheit jedesmal vollständige Desinfektion erforderlich.

## A II. Grundsätzlich Bauliches.

1. Infektionskranke sollen nicht in größeren Krankensälen untergebracht werden, sondern in Räumen bis zu höchstens 6 Betten; die Bereitstellung von Räumen zu 4, 2 und 1 Bett ist notwendig; ihre Anzahl ist nach Größe der Anstalt zu bemessen.

2. Die Desinfektion bedingt als besondere bauliche Forderungen:

a) Glatte Wandflächen: Kacheln, Ölfarbe.

b) Glatten Fußboden: Hartfußboden, z. B. Terrazzo in Eisen armiert, kein Linoleum.

c) Glatten Übergang aller Ecken von Boden und Decke zu Wänden.

d) Glatte Türen und möglichst glatte Fenster.

e) Sämtliche Leitungen vor den Wänden in einem Abstand von mindestens 3 cm, in leicht desinfizierbarer glatter Ausführung, keine Leitung innerhalb der Wand oder in Schlitzen. Durchgehende Farbzeichen als Bezeichnung der Leitungen.

3. Das Krankenpflegepersonal bleibt auf den Infektionskrankenabteilungen; es sind daher bei diesen Abteilungen für das Personal Wohnräume vorzusehen und besondere Baderäume, die nach dem Schleusenprinzip von innerhalb und außerhalb der Abteilung zugängig, anzuordnen sind. Für das zu- und abgehende Personal: Arzt, Schwestern, Wärter, wirtschaftliches, technisches, Seelsorge-, Fürsorge- und Bureaupersonal ist das „Schleusenprinzip" notwendig: Raum zum Wechseln der Oberkleider und zur Händedesinfektion.

Für das stationäre Personal bei Abgang (Stationswechsel oder Urlaub), Bad oder Dusche, vollständiger Kleiderwechsel.

4. Die notwendige Sonderung der Infektionskrankheiten voneinander kann baulich auch durch das sog. „Harmonikaprinzip" erreicht werden. Dazu ist die Möglichkeit des Abschlusses der einzelnen Krankenstationen voneinander an verschiedenen Stellen durch staubsichere und verschlußsichere Türen vorzusehen. Durch solchen wechselnden Abschluß darf die Einheit der Krankenstation nicht

gestört werden, die Nebenräume müssen daher außerhalb der Verschieblichkeit liegen.

5. Art und Zahl der Nebenräume sind nach den Richtlinien für den Neubau allgemeiner Krankenanstalten (R.A.) zu bemessen.

## A III. Grundsätzliches zum Betrieb.

1. Planmäßige Schulung von Ärzten, Schwestern und jeglichem Personal, das die Infektionskrankenabteilungen betritt, in der Vermeidung von Übertragungen ist unbedingt erforderlich und wichtiger als jede andere Maßnahme.

Diese Schulung hat mit der Gesundheitsuntersuchung jeglichen Personals der Infektionsabteilung zu beginnen, die regelmäßig, etwa alle Vierteljahre, wiederholt werden sollte; ihr hat sich theoretische und praktische Belehrung in allen Fragen der Infektionslehre, besonders bezüglich Verbreitung und Verhütung der Krankheiten, sowie der Desinfektion anzuschließen. Der Abteilungsarzt trägt hierfür die Verantwortung.

Außerdem soll in allen Krankenzimmern, mindestens aber in allen Fluren, Küchen und Desinfektionsräumen, ferner in den Aborten ein gedruckter Aushang angebracht sein, der die Schutz- und Desinfektionsmaßregeln gegen die Übertragung der Infektionskrankheiten kurz und klar enthält.

2. Die Aufnahme von Infektionskranken soll getrennt von den übrigen Kranken erfolgen, Mitteilung der Diagnose seitens des einweisenden Arztes ist für alle Kranken erforderlich, nicht nur für die Infektionskranken.

3. Zweifelhafte Fälle müssen wie Infektionskranke in einer Beobachtungsstation behandelt werden, die nur aus Einzelzimmern bestehen darf.

4. Das Bureaupersonal ist in der Aufnahme der Infektionskranken besonders zu unterweisen: Schutzkleidung, Händedesinfektion; Einweisungspapiere sind zu desinfizieren.

5. Das Aufnahmebad der Infektionskranken muß nach jedem Bad desinfiziert werden. Die Kleidung der Kranken, in Säcke verpackt, gelangt sofort zur Desinfektion.

6. Der Infektionskranke bleibt bis zur Ungefährlichkeit in seiner Station. Besondere Tagesräume und Gartenteile sind notwendig. Keine Mauerabgrenzung. Farbige Schilder mit Warnung und mit Ablehnung der Haftpflicht sind wirksamer.

7. Das Personal bleibt möglichst auf den Stationen. Zusammentreffen mit anderem Personal ist tunlichst auszuschließen. Reichliche Kleider- und Wäscheausstattung der Infektionsabteilungen für die Kranken und für das gesamte Personal ist unbedingt erforderlich.

8. Der Arzt, der von einer Abteilung zur anderen geht, muß für alle anderen ein besonderes Vorbild in Kleiderwechsel und Desinfektion sein.

9. Desinfektionsmöglichkeit jedes Einrichtungsstückes ist notwendig: Krankenmöbel, Bettzeug, Wäsche, Krankenkleidung, Beleuchtungskörper.

Beschmutzte und infizierte Bettwäsche kann auf der Station in Kübeln mit Desinfektionsflüssigkeit bearbeitet werden. Sonst in Säcke und zur Desinfektionsanstalt.

Bezüglich Desinfektion siehe besondere Richtlinien für diese.

Wandschmuck und Gardinen bedürfen besonderer Vorsicht: sie werden am besten vermieden. Sonnenschutz ist in anderer Weise sicherzustellen (verstellbare Rolljalousien!).

Besonders wichtig und durch beste Einrichtungen sicherzustellen ist die Desinfektion der Abgänge (Stuhl, Urin, Auswurf).

10. Kein Kranker ist zu entlassen ohne Bad und frische Kleidung.

11. Entlassung darf nur nach ärztlicher Feststellung der Ansteckungsunfähigkeit erfolgen. Möglichkeit der Rekonvaleszenz auf anderen Abteilungen nach dieser Feststellung kann vorgesehen werden.

12. Der Schutzkleidung des Personals, besonders des weiblichen (Haarbedeckung, Unterkleidung, Schuhzeug), ist größte Aufmerksamkeit zuzuwenden; es ist über Zweck und Wert dieser Schutzkleidung eingehend zu unterrichten.

Die Benutzung von Gummischuhen und Schutzmasken ist zu empfehlen.

Besuch der Angehörigen soll nur hinter Glas gestattet werden. Wenn in Ausnahmefällen erlaubt, nur mit Schutzmantel und nachfolgender Händedesinfektion, evtl. mit Schutzmaske.

Besuch von Kindern ist unter allen Umständen verboten.

Mitteilungen erfolgen tunlichst nur durch die Schwester.

## B I. Bauplanung für Krankenanstalten bis 50 Betten.

1. Errichtung eines besonderen Infektionskrankenbaues ist wünschenswert, aber nicht unbedingt erforderlich. Sind die Infektionskranken innerhalb des Krankenhauses mit den anderen Kranken untergebracht, so ist eigener Eingang und vollständiger Mauerabschluß gegen den übrigen Teil notwendig.

Ein besonders eingefriedigter Teil des Gartens ist für die Infektionskranken bereitzustellen.

2. Es bedarf mehrerer verschieden großer Zimmer mit 4, 3, 2 und 1 Bett, am besten von den Zimmern mit 2 Betten mehrere, die auf einen gemeinsamen Korridor münden. Am Ausgang jedes Zimmers, gut belichtet, Vorrichtung für Händedesinfektion, Mantelwechsel, Gummischuhwechsel, Geschirrspülgelegenheit. Auch alle Einrichtungs- und Gebrauchsgegenstände, die ein Zimmer verlassen, müssen am Ausgang sicher desinfiziert werden oder abgeschlossen zur Desinfektion gelangen (Wäsche in Säcken, am Bett verpacken).

3. Außer den Krankenräumen sind auf einer Infektionsabteilung folgende Räume erforderlich: Tagesraum, Teeküche, zwei Badezimmer, mehrere auch im Vorraum abgetrennte Klosetts, Raum für

schmutzige Wäsche und Desinfektion, Abstellraum, auch für reine Wäsche, ein bis zwei Schwesternzimmer.

4. Verkehr zwischen den einzelnen Infektionskrankenräumen ist den Kranken und Genesenden verboten. Für das Personal ist jedesmal Händedesinfektion und Mantelwechsel notwendig.

## B II. Bauplanung für Krankenanstalten von 50—150 Betten.

1. Eigener Infektionskrankenbau ist erwünscht, jedoch ist auch hier noch die Möglichkeit vollständigen Bauabschlusses gegeben: Eigener Eingang, möglichst auch besonderer Ausgang für Genesende, ist notwendig.

2. Die unter B I, 2 genannten Bettenzahlen müssen etwa auf das Dreifache, je nach Häufigkeit der Infektionskrankheiten, gesteigert werden.

3. Die Nebenräume sind erforderlich wie in B I, 3, aber in entsprechender Vermehrung der Zahl, nicht in der Vergrößerung der Räume.

4. Bei Unterbringung in einem getrennten Teil des Krankenhauses wird zweckmäßig ein ganzer vertikal abgesetzter Flügel für die Infektionskranken verwendet werden. Dabei ist die Trennungsmöglichkeit eine bessere als bei horizontaler Absetzung, es muß aber die Gefahr gemeinsamer Treppenbenutzung vermieden werden. Wenn irgend möglich abgeschlossene Gärten für die einzelnen Infektionskrankheiten.

## B III. Bauplanung für Krankenanstalten von 150—500 Betten.

1. Errichtung eines eigenen Infektionskrankenbaues notwendig, am besten zweigeschossig, mit vier völlig getrennten Abteilungen, die je einen eigenen Ein- und Ausgang haben. Treppeneingangsbenutzung nur für das obere Stockwerk erlaubt. An allen Ein- und Ausgangsstellen Eintritts- und Entlassungsbäder notwendig, ebenso „Schleuseneinrichtung“ (siehe A II, 3) für das Personal.

Die Entfernung der Gebäude des allgemeinen Krankenhauses von dem Infektionskrankenbau soll möglichst groß sein, mindestens die doppelte Höhe des höheren der beiden Gebäude ausmachen.

2. Bei Errichtung eines Krankenhauses im Hochbautyp, der nur für größere Wohnbezirke in Betracht kommt, können 2 Stockwerke eines solchen Gebäudes (oder auch mehr) für die Infektionskranken bestimmt werden. Notwendig ist dann eigener Ein- und Ausgang für Kranke, Personal und Gegenstände für jede einzelne Infektionsabteilung, oder Desinfektion vor Verlassen derselben. Getrennte Aufzüge!

3. Alle Infektionskranken bedürfen ausgiebigen Freiluftgenusses. Daher sind Dosquet-Fenster und Veranden dringen zu empfehlen.

4. Bei häufig wechselnder Zahl der einzelnen Infektionskrankheiten ist Verschiebungsmöglichkeit (verschiedene Zuteilung) der Räume untereinander wünschenswert. Dabei ist die Möglichkeit der be-

quemen Desinfektion der in der Mitte des Gebäudes gelegenen Räume, deren Belegung wechselt, vorzusehen.

5. Gebrauchsgegenstände (Speisen und Wäsche, Transportgefäße und Transportgeräte) dürfen nur durch ausbalancierte Schiebefenster ein- und ausgereicht werden. Für die oberen Stockwerke sind Aufzüge notwendig, auch für Gegenstände.

6. Geschlechtertrennung erfolgt bei Infektionskranken erst nach der Sonderung in einzelne Krankheiten, ist aber mindestens nach Räumen erforderlich. Kinder bis zu 10 Jahren gehören in den Infektionsabteilungen allgemeiner Krankenhäuser auf die Frauenstation.

7. Werden besondere Infektionskrankenabteilungen eingerichtet, so empfiehlt sich folgende Einteilung:

Eine Beobachtungsabteilung,
Scharlachabteilung,
Masernabteilung,
Typhusabteilung,
Diphtherieabteilung,
Abteilung für andere Infektionskrankheiten, z. B. Spitzblattern, Genickstarre, Kinderlähmung, Ruhr.

Außerdem ist nach dem Reichsseuchengesetz die Möglichkeit der völlig gesonderten Aufnahme von Fällen von Pocken, Cholera, Fleckfieber, Pest und Lepra vorzusehen.

## B IV. Bauplanung für Krankenanstalten über 500 Betten.

1. Mehrere Infektionsbauten sind erforderlich, entweder ein Hochbau (oder 2 zweigeschossige Bauten) und ein Sonderbau für besondere Infektionskrankheiten (Reichsseuchengesetz) oder 5 eingeschossige Bauten. Hier ist die Trennung nach Geschlechtern auch in den Abteilungen angezeigt.

2. In Infektionsbauten, in denen die einzelnen Krankheiten auf besonderen Korridoren oder in besonderen Gebäuden mit je eigenen Ausgängen untergebracht sind, bedarf es nicht vor jedem Zimmer, sondern nur an jedem Ein- und Ausgang der Einrichtung nach dem Schleusenprinzip.

3. Je nach der Zahl der vorkommenden Infektionskrankheiten und ihrer Fälle ist zunächst eine Vermehrung, später eine Vergrößerung der einzelnen Gebäude und Räume erforderlich.

## C I. Boxensystem.

1. Das Boxensystem eignet sich am besten für unbewegliche Kranke, also in erster Linie für kleine Kinder.

2. Jede Boxe muß nach dem „Schleusenprinzip“ am Ausgang Desinfektionsmöglichkeit haben, es sei denn, daß mehrere Boxen die gleiche Krankheit beherbergen.

3. Das Boxensystem erfordert starke Kontrolle und beste Schulung des Personals.

4. Die Boxen brauchen nicht höher als 1,80 m voneinander getrennt zu sein. Zweckmäßig sind Steinsockel bis 1,20 m, darüber Glaswände.

### C II. Epidemien, Notzeiten.

1. Die Erfahrungen des Weltkrieges haben gelehrt, daß vorübergehend und mit Aufwendung gewisser Mittel jedes größere Gebäude, z. B. Schulen, Verwaltungsgebäude, Klöster, zur Unterbringung von Massen von gleichartigen Infektionskranken benutzt werden kann.

2. Die Einrichtung von Desinfektionsschleusen ist in solchen Fällen nur gegenüber der Außenwelt und gegenüber dem Nichtpflegepersonal (Küche, Waschküche, Technik, Bureau) notwendig, nicht innerhalb des Krankengebäudes, da nur eine einzige Infektionskrankheit aufgenommen wird.

3. Vor Wiederabgabe des Gebäudes ist vollständige Desinfektion von Raum und Einrichtung sowie gründliche Reinigung erforderlich.

# Neubau des Kinderkrankenhauses.

Aufgestellt im Februar 1926.

### I. Vorbemerkung.

Die Richtlinien für den Neubau von Kinderkrankenhäusern (R.K.) sind eine Ergänzung der Richtlinien für den Neubau von Krankenanstalten (R.A.). Diese R.A. gelten auch für das Kinderkrankenhaus, soweit im folgenden nicht Abweichungen angegeben sind.

Das Kinderkrankenhaus ist ein allgemeines Krankenhaus für kranke Säuglinge und Kinder, also für alle Kranken, die das 14. Lebensjahr noch nicht vollendet haben; es bezweckt ihre grundsätzliche Trennung von erwachsenen Kranken; seine Notwendigkeit begründet sich aus den sittlichen Gefahren und den ungünstigen Einwirkungen, denen Kinder in Krankenhausgemeinschaft mit Erwachsenen ausgesetzt sind, und aus den besonderen Bedürfnissen der Krankenhauspflege kranker Kinder. Die ärztliche, heilpädagogische und ernährungs-physiologische Oberleitung des Kinderkrankenhauses ist einem erfahrenen Pädiater zu übertragen, dem Fachärzte für alle Spezialgebiete zur Seite stehen sollen. Auch beim Neubau kleinerer Krankenhäuser ist dem Begriff des Kinderkrankenhauses Rechnung zu tragen, zum mindesten durch Errichtung vollkommen gesonderter Bauten oder Abteilungen für kranke Kinder.

Diese Absonderung soll selbst dann erfolgen, wenn ein neues Krankenhaus in einem einzigen Korridorblock gebaut wird; es ist dann ein vertikal abgesetzter Flügel für alle Kranken vorzusehen, die das 14. Lebensjahr noch nicht vollendet haben.

Bestehen in einem Ort mehrere Krankenhäuser einer Verwaltung, so ist die Absonderung der kranken Kinder in einem eigenen Krankenhaus jeder anderen Vermehrung der Bettenzahl voranzustellen.

## II. Beratung.

Zur Planung von Kinderkrankenhäusern ist der Rat von Pädiatern und von Oberinnen oder Schwestern, die in der Kinder- und Säuglingspflege im Krankenhaus erfahren sind, von vornherein zu hören und zu berücksichtigen.

## III. Lage.

Neubauten von Kinderkrankenhäusern gehören grundsätzlich und ausnahmslos in Außenbezirke, die günstigste Besonnungsverhältnisse gewährleisten und aus jeder Windrichtung gute Luft erhalten; sie beanspruchen besonders ausgedehnte Freiflächen.

Kinderkrankenhäuser sollen tunlichst in Gelände- und Wirtschaftsgemeinschaft mit günstig gelegenen allgemeinen Krankenanstalten errichtet werden, weil dadurch neben den wirtschaftlichen Vorteilen eine nachhaltige Minderung des Aufwandes für die ärztliche, insbesondere die fachärztliche Leistung, und die Ausgaben zur allgemeinen Krankenpflege gewährleistet bleibt.

In Großstädten oder in Groß-Wohnbezirken wird es sich empfehlen, dem peripher gelegenen Kinderkrankenhaus eine im Zentrum des Wohnbezirkes gelegene Poliklinik anzugliedern, auch zur poliklinischen Weiterbehandlung der aus dem Kinderkrankenhaus entlassenen Kinder. Diese Poliklinik wird dann zweckmäßig mit einer Milchversorgungsanstalt für Säuglinge verbunden, in der auch alle Heilnahrungen hergestellt und ausgegeben werden; auch konservierte Frauenmilch soll dort verfügbar gehalten werden (Einrichtung zur Tiefkühlung). Auch Beratungsstellen für Mütter, für tuberkulose und neuropathische Kinder und andere Fürsorgestellen für Kinder lassen sich mit den Polikliniken vereinigen.

## IV. Größe des Anstaltsgeländes.

R. A. IV.

## V. Größenausmaß.

R. A. V.

## VI. Bauplan und Gliederung.

Das Kinderkrankenhaus muß in Bauplan und Gliederung von vornherein allen Anforderungen gerecht werden; es muß vorsehen:

gesonderte Abteilungen *oder Räume* für innerlich kranke Kinder, für innerlich tuberkulöse Kinder, für Chirurgie und Orthopädie, für Knochen- und Gelenktuberkulose, für Augenkrankheiten, für ohren-, nasen- und halskranke Kinder, für Hautkranke, für geschlechtskranke Kinder (mit sicherer Untertrennung von Gonorrhöe und Syphilis), für Scharlach, Masern, Diphtherie, Ruhr, Keuchhusten und andere Infektionskrankheiten.

Möglichkeiten zur Absonderung der Säuglinge von größeren Kindern, älterer, frühreifer oder sittlich nicht einwandfreier Knaben und Mädchen von Kranken des anderen Geschlechts sind vorzusehen. Unbedingt notwendig sind besondere Räume oder Abteilungen für die Aufnahmen (Quarantänestation). Zweckmäßig sind Abteilungen zur Aufnahme von Kindern, insbesondere von Säuglingen in Begleitung von Müttern (Stationen „Mutter und Kind"). Der Umfang der Abteilungen muß dem nach langjährigen Erfahrungen genau geprüften Bedürfnis entsprechen. Sämtliche Abteilungen sollen so angeordnet werden, daß ein Teil der Räume nach wechselndem Bedürfnis durch zweiseitige Zugänge von verschiedenen Stationen benutzt werden kann und daß spätere Erweiterungen mit tunlichst geringen Aufwendungen und ohne Störungen oder Durchkreuzungen der usprünglichen Gliederung möglich bleiben.

Wegen des großen Personalbedarfes eines Kinderkrankenhauses müssen Bauplan und Gliederung jede Möglichkeit zur Personalersparnis berücksichtigen und ausnutzen.

## VII. Krankenhaustypen.

Das Kinderkrankenhaus soll im wesentlichen dem Typ eines allgemeinen Krankenhauses entsprechen. Für Kinderkrankheiten, die eine langwierige orthopädische und pädagogische Einwirkung erfordern, können bauliche Sondertypen in Frage kommen.

## VIII. Bauformen.

Im allgemeinen gelten R.A. VIII. Große Infektionsabteilungen können ohne die Gefahr einer Infektionsübertragung in Korridorbauten übereinander gehalten werden; solche Bauten müssen durch Zwischentreppen, mit getrennt durchgehenden Fahrstühlen, so gegliedert werden, daß nach Bedarf große und kleine Abteilungen mit getrennten Zugängen gebildet werden können (Typ Düsseldorf!). Im Kleinbetrieb empfehlen sich Baracken, die von zwei Seiten betreten und belegt werden können und ein beliebig verschiebbares Mittelstück besitzen; sie müssen an beiden Seiten die notwendigen Betriebs- und Wirtschaftsräume enthalten.

Für tuberkulöse Kinder empfiehlt sich ein Barackenbau, der um einen nach Süden wandlosen Raum die notwendigen Nebenräume (Speiseraum, Einzelzimmer, Wirtschaftsräume) anordnet; er wird zweckmäßig auf Fußbodenheizung gestellt.

## IX. Bauart.

R. A. IX.

## X. Baugestaltung.

Jedes Kinderkrankenhaus soll in der Baugestaltung den Verpflegten das Höchstmaß von Licht und Sonne gewährleisten; es sind Einrichtungen erwünscht, die es ermöglichen, daß sämtliche Kinder täglich ins Freie gebracht und daß diejenigen Kranken, deren Zustand das erfordert, Tag und Nacht im Freien gehalten werden können. Das Dosquetsche System, ausgedehnte gedeckte Veranden und Dachabteilungen zur Freiluftbehandlung, sind besonders zu empfehlen.

Die Treppenanlagen sind ohne durchgehende Schächte, Wange an Wange, auszuführen.

Bei hochgelegenen Räumen sind die Fenster durch niedrige Korbgitter zu schützen. Die Türklinken werden zweckmäßig so hoch angebracht, daß die Türen von Kleinkindern nicht geöffnet werden können.

## XI. Krankenabteilungen.

Jede Krankenabteilung soll vom Treppenhaus durch einen Abschluß getrennt sein.

In Krankenhäusern für Kinder ist die Boxenteilung besonders angezeigt.

Auf den Abteilungen für Säuglinge sind besondere Räume für die Aufbewahrung und Fertigstellung von Milchmischungen und Säuglingsdiät erwünscht.

Hartfußböden und Wandunterteile aus Kacheln sind für Kinderabteilungen jeder anderen Ausstattung vorzuziehen.

In Räumen für Säuglinge und Kleinkinder sind wandfest angebrachte Kleinwannen aus Steingut oder Feuerton zweckmäßig.

Auf Säuglingsabteilungen ist ein besonderer Raum für die Ammen vorzusehen.

Säuglings- und Infektionsabteilungen dürfen, Kinderabteilungen sollen von Besuchern nicht betreten werden. Es sind daher auf allen Kinderabteilungen Besichtigungsräume herzustellen, die durch eine Glaswand in zwei Hälften zerfallen, von denen die eine von der Abteilung zugängig, für die vorzuzeigenden Kinder, die andere, vom Eingang oder Treppenhaus zugängig, für die Angehörigen bestimmt ist.

## XII. Installationen.

Bei Installationen auf Kinderabteilungen sind Vorkehrungen zur Vermeidung mißbräuchlicher Benutzung vorzusehen.

## XIII. Wärmewirtschaft.

Für Kinderabteilungen ist Fußbodenheizung besonders zu empfehlen. Sämtliche Räume für Kleinkinder müssen rasch erwärmt werden können, auch in den Übergangsjahreszeiten und an kalten Sommertagen.

An geeigneter Stelle ist statt der früher gebauten Couveusen, die überflüssig sind, ein besonderer Raum für Frühgeburten heiztechnisch so zu installieren, daß er jederzeit schnellstens auf Temperaturen von 18—24° C einreguliert werden kann.

## XIV. Beleuchtung.

R. A. XIV.

## XV. Sonstige technische Anlagen.

R. A. XV.

## XVI. Aufnahme.

Für Säuglinge, Kleinkinder und größere Kinder sind je getrennte Aufnahmeräume unbedingt erforderlich. Für Kinder mit ansteckenden Krankheiten sind besondere Aufnahmeräume mit eigenem Eingang notwendig.

## XVII. Operationssäle.

Operationssäle sind in großen Verhältnissen nur dann erforderlich, wenn das Kinderkrankenhaus nicht in Geländegemeinschaft mit einem allgemeinen Krankenhaus oder einem chirurgischen Vollinstitut errichtet ist. Sonst genügen zu Eingriffen jeder Art nutzbare Behandlungszimmer mit kleinem Nebenraum zum Fertigstellen und Aufbewahren der Instrumente. Solche Räume werden im Kinderkrankenhaus auf jeder Abteilung benötigt. Auf den orthopädischen und Infektionsabteilungen ist ihre Grundfläche besonders ausgiebig zu bemessen.

## XVIII. Laboratorien.

Dem Kinderkrankenhaus müssen wegen der Vielseitigkeit der erforderlichen Untersuchungen (Stoffwechselprüfungen, Milchuntersuchungen!) besonders ausgiebig bemessene und gut eingerichtete Laboratorien zur Verfügung stehen.

## XIX. Tierstall.

R. A. XIX.

## XX. Röntgenanlagen und XXI. Therapeutikum.

Wegen der besonderen Gefahr einer Infektionsübertragung ist im Kinderkrankenhaus eine vollkommene Zentralisierung der Röntgen- und therapeutischen Anlagen nicht angebracht. Einrichtungen und Räume zur Lichtbehandlung, Elektrotherapie, Hydrotherapie sind auf verschiedenen Abteilungen vorzusehen; auf Infektionsabteilungen sind sie jedenfalls gesondert herzustellen. Zentralanlagen können daneben angebracht und nützlich sein; sie werden zweckmäßig im räumlichen Zusammenhang mit den Polikliniken hergestellt, wenn sie nicht in nahegelegenen allgemeinen Krankenhäusern zur Mitbenutzung zur Verfügung stehen. Räume für Körperübungen (Turnsaal, Raum für Kriechübungen) sind im Kinderkrankenhaus unentbehrlich.

## XXII. Seelsorge.

R. A. XXII.

## XXIII. Unterhaltungsräume.

Neben den Unterhaltungsräumen sind im Kinderkrankenhaus bei den Abteilungen für langwierige Verpflegungen Räume für den

Unterricht und zur Beschäftigungsbehandlung vorzusehen. Sie werden zweckmäßig außerhalb der Abteilungen angeordnet.

## XXIV. Räume für das Personal.

Auf den Abteilungen für schwerkranke Kinder, insbesondere auf den Infektionsabteilungen, sind neben den Räumen für das diensttuende Personal (Ziffer XI R.A.) Schlaf- oder Ruheräume für Ärzte und Schwestern im Bereitschaftsdienst vorzusehen.

## XXV. Räume für die Verwaltung.

R. A. XXV.

## XXVI. Wirtschaftsanlagen.

Die Milchküche ist für das Kinderkrankenhaus besonders wichtig und bestens auszugestalten. Erforderlich sind neben dem eigentlichen Küchen- (Zubereitungs-) Raum ein Aufbewahrungsraum mit zuverlässig arbeitenden Kühlanlagen, die auch Tiefkühlung (Eineisen von Muttermilch) gestatten, ein Spülraum und ein Ausgaberaum. Erwünscht ist die Anlage der Milchküche in guter Verkehrslage zur Poliklinik.

## XXVII. Desinfektionsanlagen.

Neben der zentralen Desinfektionsanlage sind im Kinderkrankenhaus besondere Einrichtungen zur Wäschedesinfektion erforderlich bei der Aufnahmeabteilung und den Infektionsabteilungen.

## XXVIII. Werkstätten.

R. A. XXVIII.

## XXIX. Apotheke.

R. A. XXIX.

## XXX. Leichenhaus. Prosektur.

Bei den Säuglingsabteilungen sind Räume zum vorübergehenden Abstellen von Leichen zweckmäßig.

## XXXI. Gartenanlagen.

Gartenanlagen bei Kinderabteilungen müssen Spielplätze und Grasflächen zu Kriechübungen vorsehen.

# Neubau von Infektionsabteilungen an Kinderkrankenhäusern (R. Inf. K.).

Aufgestellt im Dezember 1926.

## I. Vorbemerkung.

Die nachfolgenden Richtlinien sind eine Ergänzung der Richtlinien für Infektionskrankenhäuser (R.Inf.) und für Kinderkrankenhäuser (R.K.). Die dort festgelegten Grundsätze über Bau, Betrieb und Inneneinrichtung gelten in analoger Weise für die Infektionsabteilungen an Kinderkrankenhäusern; insbesondere sind alle Maßnahmen zur Verhütung der Übertragung von Infektionskrankheiten, die Schulung der Ärzte und des Personals, die Einrichtungen zur Desinfektion wegen der erhöhten Empfänglichkeit der Kinder für die meisten Infektionskrankheiten mit größter Sorgfalt zu beachten.

Die Richtlinien für Infektionsabteilungen an Kinderkrankenhäusern sind festgesetzt für große Anstalten, können aber mit den jeweils gebotenen Einschränkungen auch für kleine Anstalten Verwendung finden.

## II. Beobachtungsstation.

Eine eigene Beobachtungsstation ist notwendig für die Unterbringung der Kinder mit unklaren Erkrankungen, mit Misch- und Doppelinfektionen, mit Verdacht auf Infektionskrankheiten. Sie muß aus Einzelräumen bestehen, deren jeder einen eigenen Zugang von außen oder von einem vorgelagerten Flur, eigenes Bad und eigenes Klosett besitzt, so daß jeder Raum wie eine geschlossene Abteilung benutzt werden kann. Die Zimmer münden zweckmäßig auf einen Lichthof oder einen durchgehenden Korridor, von dem aus eine gute Übersicht über die Zimmer und eine sichere Beobachtung der Kranken gewährleistet sein muß. Zu dem Zweck sind sämtliche Wandoberteile in Glaskonstruktion herzustellen. Die Inneneinrichtung jedes Zimmers muß alles enthalten, was zur Pflege und Behandlung der Kranken notwendig ist. Bei Wechsel der Belegung müssen alle Gegenstände frisch desinfiziert, der Raum muß desinfizierend bereinigt werden. Zur Beobachtungsstation gehören ferner ein Raum für den Arzt mit einfacher Laboratoriumseinrichtung, eine eigene Teeküche, ein Schwesternzimmer, ein Schwesternbad, Wäscheräume und ein Abstellraum.

## III. Grundsätzliches für die einzelnen Abteilungen.

Auf jeder Infektionsabteilung an Kinderkrankenhäusern sind — unbeschadet der eigentlichen Beobachtungsstation — zahlreiche Isolierungsmöglichkeiten für die unter II genannten Zwecke, ferner für schwerkranke oder sterbende Kinder zu schaffen. Die Isolierung kann durch Einzelzimmer oder geschlossene Boxen erfolgen. Halboffene Boxen erfordern beste Personalschulung, genügen dann aber zur Verhütung der Infektionsübertragung und gewährleisten bessere Überwachung und Lüftung.

Jede Infektionsabteilung wird ferner zweckmäßig untergeteilt in mehrere Räume zur Trennung:

1. der neu aufgenommenen Kinder;
2. der Kinder, die sich auf der Höhe ihrer Erkrankung befinden;
3. der rekonvaleszenten Kinder.

Das Verschieben der Kinder von einer in die andere dieser Unterabteilungen geschieht nach einem Bade und unter Wäschewechsel; diese fortlaufende „fraktionierte“ Desinfektion der Kinder ist notwendig zur Vermeidung von Reinfektionen durch die Neuaufgenommenen. Auf Scharlachabteilungen ist sie besonders erwünscht zur Verhütung der Heimkehrfälle durch das von den Rekonvaleszenten frisch aufgenommene und nach Hause verschleppte Virus der neuaufgenommenen Scharlachkranken; auf Keuchhustenabteilungen ist die Unterabteilung außerdem geeignet, die psychische Infektion der Rekonvaleszenten durch die heftigen Hustenanfälle der Frischkranken zu verhüten. Hier ist auch ein abgetrennter, optisch und akustisch gut überwachbarer Raum für keuchhustenverdächtige Kinder dringend erforderlich.

Erwünscht ist die Möglichkeit zur Trennung von Säuglingen, Kleinkindern und Schulkindern.

Auf allen Abteilungen, besonders auf den für die infektiösen Erkrankungen der Luftwege bestimmten, sind ausreichende Einrichtungen für die Freiluftbehandlung notwendig. Die dafür vorgesehenen Veranden und Dachgärten sollen gleichfalls die getrennte Unterbringung von Gruppen von Kindern oder einzelnen Kranken ermöglichen.

Jede Infektionsabteilung braucht ein besonderes Behandlungszimmer mit vollständigem Instrumentarium für Untersuchung, Behandlung, Sterilisation der Instrumente usw. Wünschenswert sind auf jeder Abteilung Räume und Einrichtungen für Lichtbehandlung und Röntgendurchleuchtung. Für die letztere genügt ein kleiner, vom Arzt selbst zu bedienender Apparat. Ein fahrbarer Röntgenapparat ist wegen der Übertragungsgefahr bei Verbringung von einer zur anderen Abteilung nicht ratsam, weil Erfahrungen über die Verschleppung von Infektionskrankheiten durch wechselweise Benutzung des Apparates vorliegen.

Die Zimmer für infektionskranke Säuglinge und Kleinkinder müssen je eine eigene Badegelegenheit enthalten, am besten eine wandfest angebrachte Kleinwanne aus Feuerton oder Steingut.

Für stillende Mütter ist ein Raum außerhalb der Abteilung notwendig, der durch ein nur von innen zu öffnendes Fenster oder eine in gleicher Weise eingerichtete Tür von der Abteilung aus zu erreichen ist.

Die Teeküche jeder Infektionsabteilung soll nach Möglichkeit untergeteilt werden in zwei Räume, von denen einer für die frisch eingelieferten Speisen, der andere für die Reinigung und etwa notwendige Desinfektion des benutzten Eßgeschirrs dienen soll.

Für die Diphtherieabteilung ist ein besonders helles, großes Behandlungszimmer für Tracheotomien oder Intubationen erforderlich. Kinder mit Kehlkopfdiphtherie werden am besten in einem ruhiggelegenen, von den übrigen Diphtheriekrankenräumen getrennten Zimmer untergebracht, das mit Dampfzuleitungsrohr, Wasserstrahlpumpe (zur Absaugung des Sekrets aus Rachen und Kehlkopf) und Veranda zur Freiluftbehandlung versehen ist.

# Entlastungsabteilungen.

Aufgestellt im Juni 1926.

## I. Zweck und Organisation.

Der ausschließliche Zweck der Entlastungsabteilungen ist das Freimachen von Betten der Abteilungen des allgemeinen Krankenhauses von solchen *nicht infektiösen* und nicht oder *nicht mehr bettlägerigen* Kranken, die wegen Beobachtung, Behandlung und Pflege nicht mehr auf den Schwerkrankenabteilungen zu liegen brauchen, andererseits aber noch nicht in eine ambulante Behandlung irgendwelcher Art oder in ein Genesungsheim entlassen werden können. Derartige nicht mehr Schwerkranke *und auch bestimmte chronisch Kranke,* soweit sie gehfähig sind und keiner besonderen Pflege bedürfen, sind zur Freimachung von Betten für Schwerkranke aus den Stationen herauszuziehen und in einer Entlastungsabteilung gesammelt unterzubringen. Je nach der Bettenzahl des allgemeinen Krankenhauses ist hierfür ein besonderer Bau oder ein abgetrennter Bauteil notwendig. Ein *besonderer Zweckbau* hierfür ist vorzuziehen, weil erst dann der wirtschaftliche Vorteil sich voll auswirken wird. Ferner gebührt diesem Zweckbau der Vorrang vor jeder Erweiterung der Schwerkrankenabteilungen. Da die meisten allgemeinen Krankenanstalten zu einem sehr hohen Prozentsatz, mitunter bis 80 und 90 v. H., mit Schwerkranken gefüllt sind, wird die für die Entlastungsabteilung nötige Bettenzahl auf etwa 6—12 v.H. der Durchschnittsbelegung geschätzt. Daher wird sich die Errichtung eines besonderen Gebäudes für derartige Kranke erst bei Anstalten mit einer Bettenzahl von 800 und darüber lohnen.

Bau, Einrichtung und Betrieb der Entlastungsabteilung sind einfach, aber mit dem Ziel hygienischer und behaglicher Unterbringung der Kranken so zu gestalten, daß zugleich eine wesentliche Betriebsverbilligung verwirklicht wird. Für den *Betrieb* sind folgende Grundsätze maßgebend:

1. In die Entlastungsabteilung dürfen Kranke *nur* durch Überweisung aus den Schwerkrankenstationen aufgenommen werden. Diese Kranken tragen Anstaltskleidung und unterliegen der Hausordnung nach wie vor.

2. Völlige *Trennung* der Erwachsenen nach Geschlechtern ist notwendig; Kinder bis zum vollendeten 14. Jahr gehören nicht in

die Entlastungsabteilung für Erwachsene. Eine gesonderte Entlastungsabteilung für Kinder kann wegen der steigenden Gefahr der Hausinfektionen nicht empfohlen werden.

3. Eine Entlastungsabteilung besteht nur aus Schlafräumen und den notwendigsten Nebenräumen. Die Gemeinschaftsräume werden getrennt nach Geschlechtern zusammengefaßt.

4. Eine Verlängerung der *Krankenaufenthaltsdauer* darf durch Verlegung in die Entlastungsabteilung nicht eintreten.

5. Die Kranken bleiben in Behandlung ihres bisherigen Stationsarztes. In der Regel werden sie sich zur Behandlung in ihre alte Station begeben oder die Zentraleinrichtungen des Krankenhauses, wie Therapeutikum, medico-mechanische Abteilung u. a. benützen. Die Betten der Entlastungsabteilung werden allen Kliniken mit Ausnahme der Klinik für Haut- und Geschlechtskranke und der Kinderklinik in jeweils dementsprechender *begrenzter* Zahl vom ärztlichen Direktor des Krankenhauses zur Verfügung gestellt. Auf diese Weise gewinnen die Kliniken zwecks Freimachung von Betten für Schwerkranke ein Interesse daran, ihre Kranken nicht allzulange in der Entlastungsabteilung zu behalten. Es empfiehlt sich nicht, die Behandlung *einem* Arzt zu übertragen, da dies leicht zu einer Änderung des Charakters der Entlastungsabteilung führen kann.

6. Die Aufrechterhaltung der Disziplin liegt in Händen des vom ärztlichen Direktor zu bestimmenden Arztes und älterer, erfahrener Schwestern. Nachtaufsicht ist notwendig. Der Beschäftigungstherapie und der geeigneten Unterhaltung der Kranken ist besondere Aufmerksamkeit zu widmen.

## II. Bau-Richtlinien.

Die im folgenden gegebenen *Richtlinien für Bau und Einrichtung* schließen sich an die Richtlinien für den Neubau von Krankenanstalten (R. A.) an.

*II. Beratung* s. (R. A.).

*III.* Die Entlastungsabteilung ist möglichst in der Nähe größerer Gartenflächen und aus dem unter V genannten Grunde in der Nachbarschaft etwa vorhandener Baracken zu errichten.

*IV. Größe des Anstaltsgeländes.* Für das Geländeausmaß genügt die Annahme von 100 qm für ein Bett.

*V. Größenausmaß.* Entsprechend dem schwankenden Bedürfnis ist das Größenausmaß der Entlastungsabteilung hinsichtlich ihrer *Bettenzahl* auf den Mindestbedarf von 6—12 v. H. der Durchschnittsbelegung des allgemeinen Krankenhauses einzustellen, hinsichtlich ihrer *gemeinsamen Einrichtungen* aber auf den doppelten Bedarf, da für die Unterkunft weiterer Kranker leerstehende Baracken herangezogen werden können.

*VI. Bauplan und Gliederung.* Wie R. A.

*VII.* Die Entlastungsabteilung stellt einen Sondertypus dar, der so auf seinen einfachen Zweck zugeschnitten ist, daß der Bau ohne kostspielige Änderung für die Unterbringung von Schwerkranken nicht verwendet werden kann.

*VIII. Bauformen.* Die Entlastungsabteilung ist als mehrstöckiger Korridorbau zu errichten.

*IX. Bauart.* S. R. A.

*X. Baugestaltung.* Je nach der notwendigen Bettenzahl wird man die Entlastungsabteilung für Männer und Frauen in zwei getrennten Häusern oder in einem Gebäude, aber unter vertikaler Trennung, unterbringen. Unterkellerung ist nicht notwendig. Das Erdgeschoß ist für die Gemeinschaftsräume vorzusehen, die übrigen Stockwerke für die Schlafräume der Kranken. Im übrigen s. R. A.

*XI. Krankenabteilungen.* Das *Erdgeschoß* enthält Eintrittsraum mit Garderobe und Schuhablage, Abort mit Handwaschgelegenheit, getrennt für Kranke und Personal, Treppenhaus ohne Fahrstuhl, 2 Tagesräume, auf der Männerseite getrennt für Raucher und Nichtraucher, 1 Speisesaal mit Anrichte und einem kleinen Speiseaufzug nach den oberen Stockwerken für den Fall, daß einzelne Kranke vorübergehend bettlägerig sind. Falls Männer und Frauen in einem Gebäude untergebracht sind, empfiehlt sich eine gemeinsame Anrichte für die beiderseits gelegenen Speisesäle. Eine Geschirrspülmaschine kann dann von wirtschaftlichem Nutzen sein.

Ferner gehören in das Erdgeschoß:

1 Geschäftszimmer für die Schwester,
1 ärztliches Untersuchungszimmer.
1 Raum für reine Wäsche.
1 Raum für schmutzige Wäsche,
1 Raum für die den Kranken entzogene Garderobe.

In den *einzelnen Stockwerken* sind 30—50 Kranke unterzubringen in Räumen zu 6 Betten, einige zu 2 und einige zu 1 Bett. Für die Krankenräume ist das Mindestmaß der gesetzlichen Vorschrift zugrunde zu legen, also z. B. der § 21 der Vorschriften über Anlage, Bau und Einrichtung von Krankenanstalten usw. des Erlasses des Ministers für Volkswohlfahrt vom 30. März 1920. Dieser Paragraph sieht für besondere Anstalten für Kranke, die am Tage den Schlafräumen ganz fern bleiben, körperlich rüstig, nicht stören und völlig sauber sind, sowie unter Voraussetzung genügender Lüftung und Belichtung, eine Verminderung des Luftraumes in den Schlafräumen auf 15 cbm vor. Die Schlafräume sind mit Waschgelegenheit zu versehen, ferner mit in die Wand eingebauten und vom Flur aus zugänglichen Kleiderschränken nach Monier zur Aufnahme von Mantel, Stiefeln und Hut. Auf gute Belüftung und Besonnung der Krankenräume ist Wert zu legen, daher werden Dosquetfenster empfohlen. Vorgebaute Veranden sind überflüssig, wenn ein Dachgarten mit Windschutz und teilweiser Bedeckung errichtet wird und außerdem noch Liegegelegenheit im Freien vorhanden ist. An *Nebenräumen* sind notwendig: Ein Aufenthaltsraum für die Schwester vom Dienst, je ein Baderaum mit einer Wanne auf 15 Kranke, je ein Abort auf

10 Kranke, im Abortvorraum eine Vorrichtung zum Spülen der Nachtgläser, eine kleine Gerätekammer, ferner im I. Stock ein Aufenthaltsraum für die Schwester vom Dienst.

XII, XIII, XIV, XXIII, XXXI s. R. A. XV—XXII, XXIV bis XXX kommen hier nicht in Betracht.

# Errichtung, Bau und Verwaltung von Krankenhäusern für Geschlechtskranke.

Aufgestellt im März 1927.

## I. Errichtung.

In größeren Städten sind Krankenhäuser für Geschlechtskranke zu errichten als Abteilungen der allgemeinen Krankenhäuser aus folgenden Gründen:

a) Wirtschaftliche Gründe: Die Krankenhäuser für Geschlechtskranke stehen ausnahmslos in ihrer Bettenzahl unter der Größe, die als wirtschaftliche anzusehen ist. Angliederung an eine allgemeine Anstalt bedeutet Verbilligung durch Anschluß an die zentralen Anlagen und Personalersparnis.

b) Aus ärztlichen Gründen:

1. Die Geschlechtskranken bedürfen der Beratung und Hilfe der Spezialärzte in innerer Medizin, Chirurgie, Neurologie, Psychiatrie, Kinderheilkunde, Zahnheilkunde, Röntgenologie, die ihnen in allgemeinen Anstalten ohne weiteres zur Verfügung steht.

2. Die Abteilungen der allgemeinen Krankenhäuser bedürfen des Rates und der Hilfe der Dermatologen.

3. Eine Trennung von Haut- und Geschlechtskrankheiten ist ganz unzweckmäßig.

4. Die Ärzte der Krankenhäuser für Geschlechtskranke werden durch die Anregungen, die eine allgemeine Anstalt, insbesondere das pathologische Institut, bietet, gefördert.

5. Angliederung an eine allgemeine Anstalt mit bakteriologisch-serologischem Institut fördert die Sicherheit der Untersuchungen (Kontrolle der Wassermänner).

6. Häuser mit einseitigem Material, insbesondere solche für ausschließlich weibliche oder männliche Geschlechtskranke, haben keine Anziehungskraft für tüchtige junge Ärzte, da sie in ihnen nur eine einseitige Ausbildung finden.

c) Aus psychologisch-humanen Gründen:

Im allgemeinen Krankenhaus ist die Diskretion besser gewahrt. Das Krankenhaus für Geschlechtskranke bedeutet als solches schon einen Bruch des ärztlichen Geheimnisses. Im Betriebe des Krankenhauses läßt sich alles vermeiden, was der Geheimhaltung des Leidens widerspricht. Diese Geheimhaltung muß unbedingt gewahrt werden. Die Namensbezeichnung der Häuser oder Abteilungen soll nicht erkennen lassen, daß es sich um Häuser oder Abteilungen für Geschlechtskranke handelt.

d) Aus volkshygienischen Gründen:

Da die Kranken lieber eine allgemeine Anstalt aufsuchen, als ein eigenes Krankenhaus für Geschlechtskranke (s. c), wird die Zahl der Kranken, die sich in Behandlung begeben, vergrößert und damit die Bekämpfung der Seuche gefördert.

## II. Bau.

1. Das Krankenhaus für Geschlechtskranke vereinigt den Zweck einer Heilstätte mit dem einer Verwahrungsanstalt; das Krankenhaus für Geschlechtskranke muß aber den Charakter einer Heilstätte tragen.

2. Frauen, Männer und Kinder werden am besten in getrennten Gebäuden untergebracht. Die Häuser für Männer und Frauen sollen räumlich möglichst weit voneinander entfernt liegen.

3. Im übrigen ist für Trennung in folgende Untergruppen zu sorgen:

a) Freiwillig eintretende Männer und Frauen sind zu trennen in sich wieder in infektiös und nicht infektiös, jede Untergruppe ist wieder zu trennen nach sozialer Schicht, sowie in ältere, jugendliche. Hier sind wieder zu trennen die sogenannten Unverdorbenen und die moralisch Defekten.

b) Zur Zwangsbehandlung eingewiesene Männer und Frauen.

c) Kinder, zu trennen in Kleinkinder, Knaben und Mädchen. Grundsätzlich gehören aber geschlechtskranke Kinder nicht in die Kinderabteilung eines Krankenhauses für Geschlechtskranke, sondern in eine Sonderabteilung des Kinderkrankenhauses, wenn sie auch stets der Behandlung durch den Venerologen unterstellt bleiben sollen; hier wieder zu scheiden infektiöse und nicht infektiöse.

4. Aus 3a—c ergibt sich, daß das Krankenhaus für Geschlechtskranke nicht aus größeren Sälen bestehen darf, sondern nur aus kleinen Räumen von 1—6 Betten. Insbesondere müssen genügend kleine Zimmer für Isolierung psychisch minderwertiger Kranker vorhanden sein.

5. Eingänge und Stiegenhäuser zur Männerabteilung, Frauenabteilung, zu Abteilungen für Zwangsbehandlung, vor allem zur Kinderabteilung müssen getrennt, die genannten Abteilungen voneinander gut isoliert sein.

6. In den Abteilungen für Zwangsbehandlung müssen Sicherungen gegen Entweichen getroffen sein, ähnlich wie auf psychiatrischen Abteilungen (verschlossene Türen, Drehfenster), aber in möglichst unauffälliger Art.

7. Mit dem Krankenhaus für Geschlechtskranke müssen die Stationen für Hautkranke (mit den Sonderabteilungen für Krätze und in großen Städten für Lupus) in engster Verbindung stehen.

8. Außer den in jedem Krankenhaus nötigen Wirtschaftsräumen, Bädern und Abteilungslaboratorien und Ärztezimmern ist im Krankenhaus für Geschlechtskranke besonders vorzusehen:

a) reichliche Aborte und Bäder, für infektiöse getrennt, für hochinfektiöse (Analpapeln) sogenannte türkische Aborte;

b) für jede Station ein Therapieraum, vollständig mit Fliesen ausgekleidet, womöglich auch Decke; mit Vorraum; in größeren Anlagen und für poliklinische Zwecke sind die Therapieräume so zu gliedern, daß um einen zentralen Raum für die ärztliche Behandlung, von außen zugängig, besondere Kojen für die zu behandelnden Kranken gelagert werden, die untereinander nicht einsehbar sind;

c) Dauerbäder und Schwefelbäder (gemeinsam mit der Hautabteilung);

d) Raum für Strahlenbehandlung (gemeinsam mit der Hautabteilung);

e) Räume für Beschäftigungsbehandlung (Nähstube, Werkstättenraum); auf der Kinderabteilung Spielzimmer, Unterrichtsräume;

f) Bureau für die Krankenhausfürsorgerinnen.

9. Die Gartenanlage ist sehr groß zu bemessen, da für Männer, Frauen, Zwangsbehandelte, Kinder, ferner für männliche und weibliche Hautkranke besondere Gärten zu schaffen sind. Die Gärten für Männer und Frauen sind durch dichte Hecken oder Wirtschaftsgärten zu trennen.

10. Das Krankenhaus für Geschlechtskranke hat in engster Verbindung zu stehen mit einem Fürsorgeheim, das unabhängig von der Anstalt, aber räumlich nicht zu weit entfernt zu errichten ist nach dem Muster der in einigen Städten bereits bestehenden Einrichtungen. Das Fürsorgeheim dient als Leichtkrankenhaus für die ambulanter Behandlung noch bedürftigen Frauen, die hier beschäftigt werden können und Arbeitsvermittlung finden.

11. Für erbsyphilitische Kinder, die sehr langer Behandlung und Fürsorge bedürfen, sind Sondereinrichtungen zu treffen (Welanderheine, am besten im Anschluß an die Krankenanstalten).

## III.

In kleineren Städten, in denen Erbauung eigener Krankenhäuser für Geschlechtskranke nicht wirtschaftlich ist, müssen die Geschlechtskranken auf eigenen Stationen untergebracht werden, in denen Isolierung der infektiösen und zu bewahrenden Kranken möglich ist. Die Stationen müssen aus kleineren Krankenräumen bestehen. Im übrigen sind die unter II genannten Gesichtspunkte, so gut es möglich ist, zu beachten. Anstalten unter 150 Betten werden zweckmäßigerweise nur in Ausnahmefällen Geschlechtskranke aufnehmen, in der Regel sie aber der nächstgelegenen größeren Anstalt mit Krankenhaus für Geschlechtskranke zuweisen.

## IV.

Das gesamte in Krankenhäusern oder Abteilungen für Geschlechtskranke verwendete Personal ist mit größter Sorgfalt auszuwählen unter Berücksichtigung der besonderen Ansprüche, die der Verkehr mit Geschlechtskranken in moralischer, psychologischer und pädagogischer Beziehung erfordert.

V.

Der Fürsorgedienst im Krankenhaus muß in den Häusern und Abteilungen für Geschlechtskranke mit allen da gegebenen Möglichkeiten wirksam werden. Besonders wertvoll ist ein planmäßiger Ausbau geistiger und körperlicher Beschäftigung.

# Neubau von Tuberkulosekrankenhäusern (R. T.).

Aufgestellt im Juni 1926.

## I. Vorbemerkung.

Die Errichtung von Tuberkulosekrankenhäusern ist ein wertvolles und wirksames Glied im Kampf gegen die Tuberkulose, das neben den Tuberkuloseabteilungen der allgemeinen Krankenhäuser und den Heilstätten sich als unentbehrlich erwiesen hat. Die Tuberkuloseabteilungen der allgemeinen Krankenhäuser werden von Schwerkranken nur ungern aufgesucht; sie sind hinsichtlich der Räume, Einrichtungen, Behandlungsmöglichkeit vielfach verbesserungsbedürftig und entbehren meist der notwendigen klimatischen Bedingungen und der Bewegungsfreiheit für die Kranken. Sie sind daher nur gerechtfertigt als Beobachtungsstation und zur Aufnahme schwerster Fälle. Die Heilstätten dienen der Heilbehandlung aussichtsreicher Erkrankungen. Das Hauptziel der Tuberkulosebekämpfung muß aber sein, alle ansteckenden Tuberkulösen aus ihrer Umgebung zu entfernen, also das zu betreiben, was man unter Seuchenbekämpfung versteht. Das Tuberkulosekrankenhaus soll daher in erster Linie die schweren, noch besserungsfähigen Kranken aufnehmen, also ein Behandlungshaus sein, und zwar für alle Arten der Tuberkulose der Erwachsenen und der Jugendlichen. Es darf nicht nur Schwerkranke aufnehmen, damit es nicht in den Ruf eines Sterbehauses kommt. Die Aufnahme von einigen chronisch-siechen Tuberkulösen ist nicht ausgeschlossen, grundsätzlich ist aber zu empfehlen, diese Krankenart auf Sonderabteilungen der allgemeinen Siechenanstalten zu verlegen.

Um der Abneigung gegen die Aufnahme in ein Tuberkulosekrankenhaus zu begegnen, wäre auch der Weg möglich, unter dem Namen „Freiluftkrankenhaus“ eine Anstalt zu betreiben, die die Aufgaben des Tuberkulosekrankenhauses und der Unterbringung von sowohl siechen Tuberkulösen als auch chronisch Kranken anderer Art auf gemeinsamem Gelände vereint.

Die Frage der Siedlung der Tuberkulösen muß als nicht spruchreif betrachtet werden. Für Familien mit Kindern ist sie keine Lösung. Zur Bekämpfung der Tuberkulose auf dem Lande sind auch Tuberkulosekrankenhäuser bescheidensten Umfangs von Nutzen.

Im Tuberkulosekrankenhaus ist im einzelnen eine Gliederung vorzusehen, die eine zweckmäßige Sonderung der Verpflegten ermöglicht. Zu empfehlen ist eine Gliederung in eine Beobachtungsabteilung, eine Abteilung für geschlossene und eine Abteilung für offene Tuberkulose, wenn auch eine ständige, strikte Trennung dieser 3 Gruppen nicht unbedingt notwendig und angebracht ist; für die Beobachtungsabteilung sind etwa 10 vH., für die Abteilung für geschlossene Tuberkulose 20—30 vH. der Gesamtbettenzahl vorzusehen. Die Beobachtungsabteilung ist eine zur planmäßigen und ökonomischen Bekämpfung der Tuberkulose besonders wichtige Einrichtung; sie ist unenbehrlich zur Auslese für die Heilstättenüberweisung, zur Ausmerzung der Nichttuberkulosen und zur Zurückhaltung der zu schwer Erkrankten; sie ist in einer etappenweisen Entwicklung der Tuberkulosekrankenhäuser und Sonderabteilungen zuerst einzurichten.

Sämtliche Abteilungen eines Tuberkulosekrankenhauses sollen grundsätzlich nach im wesentlichen gleichen Gesichtspunkten ausgestaltet und eingerichtet werden; jeder Versuch, einzelne Abteilungen durch Minderung des Komforts, der Liegeräume, der Liegestühle billiger zu gestalten, beeinträchtigt den Nutzwert und Heilzweck der Anlage.

Tuberkulosekrankenhäuser sollen im allgemeinen nur für Erwachsene bestimmt bleiben; tuberkulöse Kinder gehören grundsätzlich in Tuberkuloseabteilungen der Kinderkrankenhäuser; in Tuberkulosekrankenhäusern dürfen sie nur untergebracht werden, wenn dazu vollkommen abgetrennte, für erwachsene Tuberkulöse nicht zugängliche Abteilungen und ein pädiatrischer Abteilungsleiter zur Verfügung stehen. Gesunde Kinder dürfen das Tuberkulosekrankenhaus und seine von Kranken besuchten Anlagen nicht betreten.

Das Tuberkulosekrankenhaus muß mit der Tuberkulosefürsorgestelle in engster Verbindung stehen. Wo die örtlichen Verhältnisse es ermöglichen, soll eine Fürsorgestelle im Krankenhaus geschaffen werden.

Das Tuberkulosekrankenhaus muß, ebenso wie die Tuberkuloseabteilung eines Krankenhauses, unter der Leitung eines Facharztes für Tuberkulose stehen, da erfahrungsgemäß nur auf diese Weise die diagnostischen, therapeutischen und sozial-hygienischen Belange gesichert sind. Der leitende Arzt muß in der Behandlung — soweit das erforderlich ist — durch gut vorgebildete Fachärzte aus allen in Betracht kommenden medizinischen Sondergebieten unterstützt werden.

## II. Beratung.

Da das Tuberkulosekrankenhaus eine in vielen Beziehungen eigenartige Anlage darstellt, empfiehlt es sich, vor der Errichtung neben einer allgemeinen Beratung nach R. A. II den Rat erfahrener Tuberkulosekrankenhausfachärzte und auf diesem Gebiet erfahrener Bausachverständiger und Oberinnen einzuholen. Die Erfahrungen, die bei der Errichtung und dem Betriebe von Heilstätten gewonnen sind, können wertvolle Fingerzeige geben.

## III. Lage.

Für die Lage ist zwischen Sonderabteilungen an vorhandenen Krankenhäusern und Neueinrichtung von Tuberkulosekrankenhäusern zu unterscheiden.

Sonderabteilungen sollen, wo die Wahl zwischen mehreren Krankenhäusern möglich ist, tunlichst nicht im Innern der Städte oder in dicht bebauten Industrievierteln errichtet werden. Vielmehr sollen sie, wenn möglich, an ein Krankenhaus angeschlossen werden, das eine freie Lage hat und räumlich nicht beengt ist, sondern über größere Grünflächen verfügt.

Neubauten von Tuberkulosekrankenhäusern sollen aus den Städten heraus in das Vorgelände verlegt werden, wo ihnen Freiflächen mit Aufwuchs in genügender Größe dauernd gesichert werden können. Auf eine bequeme Verbindung durch Bahnlinie oder Straßenbahn muß Wert gelegt werden.

Anlagen in Gelände- und Wirtschaftsgemeinschaft mit allgemeinen Krankenanstalten, die nach R. A. III günstig gelegen sind, sind aus ökonomischen Gründen und zur Sicherung der fachärztlichen Versorgung im Sinne von Ziffer I, Abs. 8, Schlußsatz, kleineren Einzelanlagen vorzuziehen.

In jedem Fall ist zu beachten, daß Windschutz, Rauch-, Staub- und Nebelfreiheit für Tuberkulosekrankenhäuser und Tuberkuloseabteilungen besonders wichtige Erfordernisse sind.

## IV. Größe des Anstaltsgeländes.

Die Freifläche für ein Tuberkulosekrankenhaus muß bei der überragenden Bedeutung der Freiluftliegekur erheblich größer bemessen werden als die eines allgemeinen Krankenhauses.

## V. Größenausmaß.

Sonderkrankenhäuser für Tuberkulöse — ohne Betriebs- und Wirtschaftsgemeinschaft mit allgemeinen Krankenanstalten — sind im Bau und Betrieb kostspielige und nur bei größerer Bettenzahl wirtschaftliche Anlagen; sie werden daher nur von Großgemeinden errichtet werden können — oder von Zweckverbänden, deren Begründung für diese Aufgabe besonders zu empfehlen ist. Anstalten, die den notwendigen Ansprüchen genügen, sind erst bei einer ständigen Belegung von mindestens 150 Betten möglich, vollwertige Anlagen erst von 300 Betten an wirtschaftlich. Bei geringerem Bettenbedarf ist der Anschluß an eine vorhandene Krankenhauseinheit unbedingt zu empfehlen.

## VI. Bauplan und Gliederung.

Wie R. A. VI; geschlossene Anlagen mit Verbindungsgängen sind für das Tuberkulosekrankenhaus jeder anderen Gliederung vorzuziehen.

## VII. Krankenhaustypen.

Das Tuberkulosekrankenhaus ist ein Sondertypus, der in den Grundsätzen zwischen dem allgemeinen Krankenhaus und der Heilstätte steht, weil er die allgemeine und chirurgische Krankenabteilung mit dem Infektionskrankenhaus, der Heilstätte und dem Siechenhaus organisch und zu klinisch und wirtschaftlich vorteilhaften Verhältnissen vereinigen muß.

## VIII. Bauformen.

Aus wirtschaftlichen Gründen ist das Korridorsystem für ein Tuberkulosekrankenhaus in erster Linie empfehlenswert. Auch der Hochbau zu 4—6 Stockwerken für Krankenräume erscheint nicht unzweckmäßig; er verbilligt Bau und Betrieb; Lasten-, Personen- und Bettenaufzüge sind dabei in ausreichender Zahl vorzusehen. Barackenanlagen sollten nur für Sonderzwecke in Frage kommen.

## IX. Bauart.

Wie R. A. IX.

## X. Baugestaltung.

Die Baugestaltung des Tuberkulosekrankenhauses erfordert gewisse Besonderheiten, da in ihm ansteckende und nicht ansteckende Kranke, Leicht- und Schwerkranke und endlich Männer und Frauen nebeneinander Aufnahme finden. Die einzelnen Stationen des Krankenhauses müssen vollständig voneinander getrennt und zu den Treppenhäusern abgeschlossen sein. Auf sämtlichen Stationen sind Tagesräume und Speiseräume vorzusehen. Alle Hauptkrankenräume sollen nach *Süden*, Absonderungszimmer nach Südwest und Südost gerichtet sein, um dem Licht möglichst ausgiebigen Zugang zu gestatten.

Auf große Fensterflächen an der Südfront ist Wert zu legen; Fenster nach dem Dosquetschen Typ sind zu erwägen. Dabei ist auf leicht zu öffnende Oberflügel besonders zu achten. Nur für Abteilungen für Schwerkranke kommen unmittelbar vorgelagerte gedeckte Veranden in Frage, deren Höhe die sonst unvermeidbare Entwertung der dahinter liegenden Zimmer auf ein Mindestmaß herabsetzt. Diese Veranden müssen so groß sein, daß sie mit den Betten befahren werden können; auch die Türen der Verandazimmer sind danach zu bemessen; die Brüstungen der Veranden sollen liegenden Kranken den Blick ins Freie ermöglichen. Zweckmäßiger als vorgelagerte Veranden und für die Leichtkrankenabteilungen ausnahmslos zu empfehlen sind Liegehallen, die unmittelbar seitlich an die Station angebaut sind oder — für Leichtkranke — in nächster Nähe des Hauses und von ihm gut überwachbar in der gleichen Frontrichtung nach Süden angelegt werden. Dringend wünschenswert ist der seitliche Anbau einer zur Hälfte überdachten Terrasse für die Ausführung von Sonnenkuren, vor allem bei bettlägerigen chirurgisch Tuberkulösen. Ein flaches Krankenhausdach mit Einrichtung nach R. A. X, Abs. 4, ist für Tuberkulosekrankenhäuser besonders zu empfehlen.

Auf Schalldichtung und Windschutz ist überall besonders zu achten.

## XI. Krankenabteilungen.

Eine Abteilung für Schwerkranke darf nicht mehr als 30 Betten umfassen. Während in den Leichtkrankenabteilungen Zimmer bis zu 6 Betten zugelassen sind, sollen für Schwerkranke nur Vier-, Drei- und Zweibettenzimmer eingerichtet werden. Zu jeder Abteilung sind mehrere Ein- und Zweibettenzimmer vorzusehen. Außerdem sollen auf jeder Station, abgesehen von den üblichen Nebenräumen, ein Speiseraum und zwei Tagesräume (einer für Spiel und Unterhaltung, einer für Lektüre und Korrespondenz) vorhanden sein. An den Haupteingängen in den Krankenhausbau oder an den Haupttreppen sind besondere Schuhräume vorzusehen, wo die Kranken jedesmal beim Betreten und Verlassen des Hauses die Schuhe wechseln. Auf diese Weise läßt sich die Verunreinigung des Hauses durch Staub verhindern. Die Schuhschränke sollen so installiert sein, daß sie zur Trocknung der Schuhe dienen können; sie müssen Entlüftungslöcher erhalten. Vor den Schuhzimmern sind kleine Veranden zum Schuhreinigen anzulegen.

Für die Wände ist, soweit kein Plattenbelag erstellbar ist, abwaschbarer Ölanstrich notwendig. Für die Fußböden ist Linoleumbelag erwünscht.

Es ist erwünscht, daß für jeden Kranken ein gesondertes Waschbecken mit fließendem Wasser zur Verfügung steht; die Mindestforderung ist ein Waschbecken für 3 Kranke; besondere Mundspülbecken sind in jedem Krankenraum unentbehrlich.

Im übrigen gelten die Richtlinien wie R. A. XI unter besonderer Betonung der Einrichtungen zu a) bis c). Im Raum b) sind alle für künstliche Bestrahlung erforderlichen Anschlüsse vorzusehen. Wandschrankanlagen für Kranke gehören in Häusern und Abteilungen für Tuberkulöse nicht in die Krankenzimmer, sondern in die Abteilungsflure (in die Wand eingebaut, Moniertyp, leicht desinfizierbar!).

Von Signal-, Klingel- und Telephonanlagen ist auf den Abteilungen ausgiebig Gebrauch zu machen; Radioanlagen sind zu empfehlen.

## XII. Installation.

Wie R. A. XII.

## XIII. Wärmewirtschaft.

Für das Tuberkulosekrankenhaus ist die Warmwasserheizung der Dampfheizung entschieden vorzuziehen; die Heizflächen sind der Notwendigkeit ausgiebigster Lüftung anzupassen. Im übrigen gilt R. A. XIII.

## XIV. Beleuchtung.

Wie R. A. XIV.

## XV. Sonstige technische Anlagen.

Wie R.A. XV.

## XVI. Aufnahme.

Die Räume zur Aufnahme sind der Größe der ganzen Anlage anzupassen. Stets erforderlich sind ein Bureauraum und ein Nebenraum für das Personal. Untersuchungs- und Baderäume bei der Aufnahme kommen nur in Großanlagen in Frage.

## XVII. Operationssäle usw.

Für das Tuberkulosekrankenhaus ist mindetens ein Operationsraum mit den unter R. A XVII angegebenen Nebenräumen notwendig; Großanlagen brauchen einen septischen und einen aseptischen Operationsraum. Ein besonderer Behandlungsraum ist für die Kehlkopftuberkulose vorzusehen. Im übrigen wie R.A. XVII.

## XVIII. Laboratorien.

Für das Tuberkulosekrankenhaus müssen ausgiebig bemessene und gut eingerichtete Laboratorien zur Verfügung stehen. Unentbehrlich sind Laboratorien für chemische und mikroskopische, für bakteriologische und pathologisch-anatomische und für serologische Untersuchungen. Im übrigen wie R.A. XVIII.

## XIX. Tierställe.

Wie R.A. XIX. Für das Tuberkulosekrankenhaus müssen neben Zuchtställen für Kaninchen und Meerschweinchen Absonderungsräume in ausreichender Zahl und Größe vorgesehen werden.

## XX. Röntgenanlagen.

Die Röntgenanlagen sind zweckmäßig mit anderen Einrichtungen zur Strahlentherapie zu verbinden; solche Anlagen und Einrichtungen sind im Tuberkulosekrankenhaus unentbehrlich. Die Sicherung des Personals ist dabei besonders zu berücksichtigen.

## XXI. Therapeutikum.

Das Tuberkulosekrankenhaus benötigt eine zentralisierte Einrichtung, die im Erdgeschoß, nicht in einem Untergeschoß anzulegen ist. Für die Behandlungszwecke sind erforderlich:

1. Ein Raum für Badewannen und Wasserduschen sowie Sitzbäder.

2. Ein Raum für Bestrahlung mit ultraviolettem Licht, der auch für örtliche Heißluftbehandlung und Massage verwendet werden kann.

3. Ein Raum zur Inhalationsbehandlung, in dem auch ein Universalanschlußapparat für Kehlkopfbehandlung und andere Zwecke Aufstellung findet.

Es ist zweckmäßig, die Anlagen und Einrichtungen zu XX. in der Nähe des Therapeutikums vorzusehen; auch ein Sonnen- oder Lichtbad gehört in diesen Raumbereich.

Neben der zentralisierten Anlage sind auf den Abteilungen Räume und Anschlüsse zur Lichtbehandlung erwünscht, in größeren Anstalten notwendig.

## XXII. Räume für Seelsorge.

Wie R. A. XXII.

## XXIII. Unterhaltungsräume.

Neben den Tagesräumen auf den Einzelstationen sind einige Beschäftigungsräume und ein nahe dem Eingang gelegenes Besuchszimmer zweckmäßig. Ein Saal für Unterhaltungszwecke (Projektionsapparat, Kino) ist erwünscht; Räume für eine größere Bücherei sind unentbehrlich.

## XXIV. Räume für Personal.

Für das Tuberkulosekrankenhaus sollen grundsätzlich Wohn-, Aufenthalts- und Schlafräume für Ärzte und Schwestern außerhalb der Krankenabteilungen, möglichst in besonderen Gebäuden liegen, die von den Krankenbauten vollkommen getrennt und durch Einfriedigung abgeschlossen sind. Im Bereich der Krankenabteilungen sind aber, besonders auf den Abteilungen für Schwerkranke, außer den Räumen R. A. XIc noch besondere Nachtdienstzimmer vorzusehen.

## XXV. Räume für die Verwaltung.

Wie R. A. XXV.

## XXVI. Wirtschaftsanlagen.

Durch geeignete Einrichtungen (XI, Abs. 6) ist zuverlässig dafür zu sorgen, daß den Wirtschaftsanlagen weder infiziertes Geschirr noch infizierte Wäsche zugehen kann.

## XXVII. Desinfektionsanlagen.

Wie in jedem Krankenhaus ist ein Dampfdesinfektionsgerät notwendig. Ständiges Desinfektionsbedürfnis besteht für Taschenspuckgläser, Speigläser, Speisegeschirr und Wäsche.

Die Taschenspuckgläser sollen aus erzieherischen Gründen von den Kranken selbst gereinigt werden. Es sind daher in jedem Hause eine oder mehrere Stellen hierfür vorzusehen, wo der Kranke den Inhalt des Taschenspuckglases in einen Dampfkochtopf entleert und dann das Gefäß in heißem, fließendem Wasser spülen kann.

Für die Desinfektion der Speigläser haben sich Autoklaven bewährt, die so eingerichtet sind, daß Reinigung und Desinfektion der Gefäße und der Tragekörbe in Autoklaven vor sich geht. Es wird meist für jede Station ein Apparat notwendig sein oder ein größerer Apparat für mehrere benachbarte Desinfektionen.

Für die Geschirrdesinfektion kommt entweder ein Dampfsterilisiergerät auf jeder Station in Betracht oder besonders für eine zentrale

Anlage eine Geschirrspülmaschine. Zentrale Anlagen gewährleisten höheren Sicherheitsgrad.

Die Wäsche ist sofort nach Gebrauch in Säcke, Taschentücher sind vom Kranken selbst in besondere Beutel zu füllen. Letztere sind in der Waschküche der chemischen Desinfektion zu unterziehen und dann wie die übrige Wäsche in der Waschmaschine zu waschen.

### XXVIII. Werkstätten.

Wie R. A. XXVIII.

### XXIX. Apotheke.

Die Frage der Apotheke regelt sich nach Größe und Selbständigkeit der Anstalt.

### XXX. Leichenhaus.

Wie R. A. XXX.

### XXXI. Gartenanlagen.

Für das Tuberkulosekrankenhaus ist auf ausgedehnte gärtnerische Anlagen, möglichst mit kleineren Waldpartien, besonderes Gewicht zu legen. Für Männer und Frauen sind getrennte, nicht unmittelbar angrenzende Anlagen erforderlich. Die Gärten und das ganze Gelände der Anstalt müssen eingefriedigt und abschließbar sein.

# Neubau von Irrenanstalten.

Aufgestellt im Februar 1926.

### I. Vorbemerkung.

Die Richtlinien für den Neubau von Krankenanstalten (R.A.) finden im allgemeinen auch auf Irrenanstalten Anwendung. Es sind daher nur von diesen abweichende Forderungen und Notwendigkeiten besonders hervorgehoben.

### Zu III. Lage.

Alle Irrenanstalten (Heil- und Pflegeanstalten) sollen inmitten ihres Aufnahmebezirkes gelegen sein, am besten in der Nähe einer Mittel- oder größeren Stadt, die ein gut eingerichtetes allgemeines Krankenhaus (spezialistische Abteilungen) und höhere Schulen besitzt. Anschlüsse an Eisenbahn und elektrische Straßenbahn sind unentbehrlich.

Es wird empfohlen, für die Anstalt ein zusammenhängendes, in sich abgeschlossenes Gelände zu erwerben, in dessen Mitte die Anstalt zu legen ist, so daß das Park- und Ackergelände die Anstalt wie ein Schutzgürtel umgibt. Durch rechtzeitigen Antrag beim Kreisausschuß ist die Errichtung störender Gewerbebetriebe und die Ansiedlung von Gastwirtschaften in nächster Nähe der Anstalt zu verhindern.

## Zu IV. Größe des Anstaltsgeländes.

Irrenanstalten brauchen ein größeres Gelände als allgemeine Krankenanstalten. Die Größe hängt ab von der Krankenart (ob akut oder chronisch Kranke, ob aus städtischen oder ländlichen Verhältnissen). Bei vorwiegend akuten und städtischen Kranken sind 500 qm für den Kopf zu rechnen, bei chronischen und ländlichen bis zu 0,25 ha.

## Zu VII. Krankenhaustypen.

Die Unterbringung psychisch Unzulänglicher, d. h. solche geistig minderwertigen, leicht schwachsinnigen und geistig invalide Kranken, die irrenärztlicher Behandlung im engeren Sinne nicht bedürfen, in besonderen Bauten in Gelände- und Wirtschaftsgemeinschaft mit allgemeinen Krankenanstalten ist zu empfehlen. Ausgeprägte Psychopathen, die der psychischen Behandlung, der heilpädagogischen Beeinflussung und ärztlich geleiteter Berufsausbildung bedürfen, sollen in besonderen Anstalten nach psychiatrisch-pädagogischen Grundsätzen untergebracht und behandelt werden. Bis zur Errichtung derartiger Sonderanstalten ist ihre Versorgung in Irrenanstalten unvermeidlich; sie soll da aber in besonderen, vom übrigen Betrieb tunlichst abgesetzten Abteilungen erfolgen.

## Zu VIII. Bauformen.

Die Bauform soll sich nach den Bedürfnissen und den Zwecken der Bauten richten. In jedem Fall ist eine sorgfältige Gliederung in Einzelabteilungen vorzusehen. Auch kleinere Irrenanstalten brauchen Aufnahme-, Unruhige-, Siechen-, Offene- und Zwischenabteilungen. Verbindungsgänge zwischen den einzelnen Krankenhäusern sind nicht erforderlich.

Die Verwendung eingeschossiger Bauten ist mit Rücksicht auf die Mehrkosten auf das Notwendigste zu beschränken.

## Zu X. Baugestaltung.

Die moderne Irrenanstalt ist grundsätzlich als Krankenhaus anzusehen und zu gestalten; von Abweichungen vom Typ der allgemeinen Krankenanstalten ist daher möglichst abzusehen, sowohl zur Wahrung des allgemeinen Krankenhauscharakters, wie zur Kostenersparnis; Vergitterung der Fenster, Mauern um Abteilungsgärten sind — abgesehen von zwingenden Ausnahmen (Bewahrungshäuser!) — überflüssig.

In der Irrenanstalt ist jeder Krankenbau Zweckbau und demgemäß besonders dem Zweck anzupassen und mit besonderem Bauplan zu entwerfen als Aufnahmehaus, Haus für Sieche, für Unruhige, halboffenes Haus, offenes Landhaus.

In den Bauten für Sieche und Tuberkulose wird eine Wand der Krankenräume zweckmäßig in eine leicht zu öffnende Fensterfläche aufgelöst. Den Tagesräumen und Wachsälen sind offene Veranden mit Glasdach vorzulegen.

Dachausbauten und Unterkellerungen — jedoch nur in der Form von Sockelgeschossen — können in Irrenanstalten wegen des starken Bedürfnisses nach Nebenräumen aller Art nützlicher sein als in allgemeinen Krankenanstalten.

## Zu XI. Krankenabteilungen.

Eine Krankenabteilung für Kranke der Normalklasse soll nicht unter 40 und nicht über 60 Betten umfassen. Jeder Krankenbau bildet eine selbständige Abteilung, enthält daher Tag- und Schlafsäle und alle erforderlichen Nebenräume: Einzel- und Mehrbettenzimmer, Räume zum Waschen und Baden, Beschäftigungsraum (möglichst am Tagesraum!), Spülküche, Abstellraum, Kleiderkammer, Stiefelkammer (am Eingang!), Zimmer für Pflegepersonal, Aborte für Kranke und Personal und — je nach seiner Zweckbestimmung — außerdem 1—2 Wachsäle von verschiedener Größe, ärztliches Untersuchungszimmer, Zimmer für Oberpflegepersonal, Zimmer für Sterbende, Besuchszimmer.

Diese Räume sind so auf die Stockwerke des Krankenbaues zu verteilen, daß Tagesdienst und Nachtdienst sich möglichst auf je ein Stockwerk beschränkt, weil sich daraus eine wesentliche Betriebserleichterung und Arbeitsersparnis ergibt.

Wachsäle, auch für Sieche, und Tagesräume gehören ins Erdgeschoß.

Der Verpflegung in mehreren Klassen ist durch Sonderbauten oder Sonderzimmer zu entsprechen.

Der Ölfarbenanstrich der Wände soll durchgehend 1,80 m betragen.

Sonst wie R.A.

## Zu XII. Installation.

Die Installationen sind je nach Benutzungsart von Haus und Räumen vor Beschädigungsmöglichkeiten zu schützen.

## Zu XV. Sonstige technische Anlagen.

Fahrstühle sind zur Krankenbeförderung entbehrlich.

## Zu XVI. Aufnahme.

Es genügen 2 genügend große Aufnahmeräume im Verwaltungsgebäude.

## Zu XVII. Operationssäle.

Für Irrenanstalten ist erforderlich entweder ein zentral gelegener Operationspavillon oder je ein Operationszimmer auf der Männer- und Frauenseite; die notwendigen Nebenräume sind vorzusehen.

## Zu XVIII. Laboratorien usw.

Ein größeres Laboratorium mit Arbeits- und Nebenräumen im Verwaltungsgebäude; kleinere an den ärztlichen Untersuchungszimmern der Hauptabteilungen. Für die Laboratorien sind alle Installationsanschlüsse (Wasser, Gas, Elektrizität) vorzusehen.

An geeigneter Stelle vorzusehen sind: photographische Dunkelkammer, Dunkelkammer für Augenuntersuchungen u. dgl., Räume für die wissenschaftliche Bücherei, sowie ein Konferenzzimmer.

## Zu XX. Röntgenapparat und zu XXI. Therapeutikum

sind in der Irrenanstalt im angepaßten Ausmaß erforderlich, wenn nicht ein nahegelegenes allgemeines Krankenhaus zweckentsprechend ausgerüstet ist und bei Bedarf benutzt werden kann.

## Zu XXII. Seelsorge.

Für Irrenanstalten sind heizbare Kirchen zu forden, mit allen Kultuseinrichtungen, meist paritätischen Charakters.

## Zu XXIII. Unterhaltungsräume.

Erforderlich sind: ein größerer Festsaal mit Bühne und Nebenräumen, Gelegenheit zur Bewirtung und getrennten Garderoben und Aborten für Männer und Frauen; ein Saal für kleinere Veranstaltungen, Versammlungen und Pflegeunterricht; eine Kegelbahn. Vorzusehen sind Aufenthalts- und Speiseräume für das Personal; Räume für ein Pflegerinnenheim; Unterhaltungsbücherei; Kino und Radio.

In großen Anstalten empfiehlt sich hierfür besonderer Bau, in kleineren Anlagen Eingliederung in das Verwaltungsgebäude.

Von vornherein vorzusehen und anzulegen ist eine Festwiese oder ein Festplatz im Walde.

## Zu XXIV. Räume für Personal.

*a) Pflegepersonal.*

Die Bedürfnisse der Irrenanstalt verlangen leichte Erreichbarkeit des zum Dienst gehörenden, aber schonende Unterbringung des dienstfreien Pflegepersonals; daher Unterbringung des ersteren in der Nähe der Abteilungen, für das übrige, besonders die Nachtwachen, in ruhigster Umgebung, zweckmäßig in besonderen Häusern.

*b)* und *c)* wie A. R.

Für verheiratete Pfleger, Hausangestellte, Werkmeister, Bürobeamte usw. sind Familienwohnungen mit Gemüsegarten und Kleintierstall vorzusehen.

Für geistliches Pflegepersonal: Klausur.

## Zu XXV. Räume für die Verwaltung.

Die Räume für die ärztliche und Krankenverwaltung, Kasse usw. im Verwaltungsgebäude; Räume für die Wirtschaftsverwaltung im Wirtschaftsgebäude.

Sonst wie R. A.

**Zu XXVI. Wirtschaftsanlagen.**

Wie R. A.

Zu b) Besondere Diätküche und Milchküche entbehrlich.

Vor den Aborten bei Küche und Schälküche ist gut sichtbar und benutzbar Waschgelegenheit vorzusehen.

**Zu XXVII. Desinfektionsanlagen**

sind in der Nähe der Waschküche anzubringen. Aufbewahrung der Privatkleidung in Verbindung mit der Desinfektion kommt nicht in Frage.

**Zu XXVIII. Werkstätten.**

Sie erfordern in der Irrenanstalt Berücksichtigung besonderer Gesichtspunkte, da sie nicht nur zu Nutzzwecken dienen, sondern Behandlungs- und Heilmittel sind. Empfohlen wird ein Werkstättenhaus für ruhige Arbeiten in der Nähe der Männerabteilungen; Werkstätten mit lärmendem Betrieb sind beim Maschinenhaus anzuordnen.

**Zu XXIX. Apotheke.**

In größeren und abgelegenen Anstalten ist eine besondere Apotheke notwendig; in kleineren genügt ein Arbeits- und Vorratsraum für Verbandmittel und freigegebene Apothekerwaren.

**Zu XXX. Leichenhaus.**

Wie R. A.

Sektions- und Warteraum sind mit Heizung, warmem und kaltem Wasser auszustatten. Leichenschauraum ist nicht erforderlich.

**Zu XXXI. Gartenanlagen.**

Wie R. A.

Warm- und Kalthaus, heizbare Treibbeete, Geräteräume, Samenzimmer, Unterstellschuppen usw.

---

Besondere Ansprüche stellen in der Irrenanstalt Bauten und Anlagen für: Wohnungen für Ärzte, Oberbeamte, Geistliche, Logierzimmer, Feuerlöscheinrichtungen, Landwirtschaft, Bewahrungshaus.

# Siechenhäuser.

Aufgestellt im März 1927.

1. Das Siechenhaus dient der Unterbringung chronisch Kranker und ist demnach eine Sonderkrankenanstalt. Es bedarf daher der ärztlichen Leitung und geschulten Pflegepersonals. Die zweckmäßige bauliche Errichtung und der Betrieb haben die Erfahrung im Krankenhauswesen zur Voraussetzung. Aus diesen Gründen und zwecks Wahrung der einheitlichen Leitung und besten Ausnutzung aller Art

Betten der Krankenanstalten einer Gemeinde gehört die Verwaltung zu den Aufgaben der Gesundheitsämter oder der Krankenhausverwaltung, die dabei aber engstes Einvernehmen mit dem Bezirksfürsorgeverband und dem Wohlfahrtsamt zu wahren hat.

2. Im Haushaltsplan müssen die Siechenhäuser daher bei den Krankenanstalten erscheinen; für die Bedürfnisse der Siechenhäuser können dabei besondere Haushaltspläne und Rechnungen geführt werden. In jedem Falle muß Vorsorge getroffen werden, daß die Pflegesätze in Siechenheimen oder Siechenabteilungen nur durch deren tatsächlichen Selbstkosten, nicht durch den Aufwand für eigentliche Krankenhauszwecke bestimmt werden.

3. Bei dem verschiedenen Bedürfnis, den Bau, Einrichtung und Betrieb an ein Siechenhaus und an ein Altersheim stellen, ist ein gemischter Betrieb nicht ratsam. Reine Altersheime fallen in den Aufgebenbereich der geschlossenen wirtschaftlichen Fürsorge.

4. Es kann durchaus zweckmäßig sein, ein Siechenhaus unmittelbar an ein Krankenhaus oder eine Heil- und Pflegeanstalt anzugliedern. Voraussetzung ist aber die Einheitlichkeit der ärztlichen Leitung sowie ferner, daß das Siechenhaus in bezug auf Einrichtung und Verpflegung wirtschaftlich geführt wird.

5. Es kann allenfalls von Vorteil sein, dem Siechenhaus Krankenabteilungen für tuberkulöse Schwerkranke beizugeben und auf diese Weise die Abneigung gegen das Tuberkulosenkrankenhaus zu überwinden.

6. Vereinigung mit Säuglingsabteilungen oder Korrektionsanstalten ist zu verwerfen.

7. Selbständige Siechenhäuser lohnen sich in wirtschaftlicher Hinsicht erst von über 300 Betten an. Daher ist kleineren Gemeinden oder Bezirken die Bildung von Arbeitsgemeinschaften zur Errichtung einer gemeinsamen Anstalt zu empfehlen.

8. Falls eine Großstadt sich zur Errichtung einer Krankenstadt entschließt, so ist einer Zentrale für Wärmewirtschaft, Wäscherei und gemeinsamen Einkauf, sowie mit Prosektur und Apotheke ein Kranz von Krankenanstalten anzuschließen, zu denen auch das Siechenhaus gehört, also z. B. allgemeines Krankenhaus, Kinderkrankenhaus, Krankenhaus für chronisch Kranke (Siechenhaus) und Tuberkulöse, sowie eine Heilanstalt für Nerven- und Geisteskranke. Jede dieser Anstalten stellt eine Betriebseinheit mit eigener Verpflegung dar. Auf diese Weise ist bei zweckmäßiger Anlage und einheitlicher Verwaltung höchste Wirtschaftlichkeit und gegenseitige Aushilfe und Entlastung erreichbar.

9. Die Zugehörigkeit des Siechenhauses zu den Krankenanstalten bietet hinsichtlich des Pflegepersonals den Vorteil einer einheitlich geleiteten guten Schwesternversorgung und die dringend nötige Möglichkeit jederzeitigen Schwesternaustausches. Die Pflege der chronisch Kranken stellt ganz besondere Anforderungen, es darf daher nur staatlich geprüftes Pflegepersonal verwendet werden.

# Lüftung im Krankenhaus.

Aufgestellt im März 1927.

1. Die Veränderungen der Luft in Krankensälen sind besonders groß.

2. An die Güte der Luft in Krankensälen müssen aber besonders große Anforderungen gestellt werden, weil die Luft in Krankenräumen nicht nur unschädlich, sondern auch „appetitlich" und anregend sein muß.

3. Die Anforderungen können insofern ermäßigt werden, als die Temperatur niedriger und der relative Feuchtigkeitsgehalt höher sein darf als in Arbeitsräumen.

4. Für die Beschaffenheit der Krankensaalluft ist der je Bett zur Verfügung stehende *Luftraum* und die *Verhinderung von riechenden* Beimengen von *größter Bedeutung*. Auf diese besonders wichtigen Punkte kann bei dem Thema Lüftung nicht näher eingegangen werden.

5. Von einer Lufterneuerung in Krankensälen kann *nicht* verlangt werden (weil erfahrungsgemäß nicht erreichbar), daß Gerüche, Krankheitskeime oder Staub wirklich beseitigt werden.

6. Es muß von der Lüftung in Krankensälen während der Heizperiode *verlangt* werden:

a) Genügende *Lufterneuerung*, um unzulässige Feuchtigkeitsgrade nicht entstehen zu lassen (nicht mehr als 70 vH),

b) daß eine Frischluft in die Krankensäle kommt, welche *appetitlich, möglichst staubarm* und „unverbraucht" ist,

c) daß starke, kalte Luftströmungen (Zugluft) vermieden werden.

7. Fensterlüftung ist ein Notbehelf, weil bei geöffnetem Fenster einmal durch Öffnen der gebräuchlichen Türen sehr starke, kalte Luftströmungen entstehen, und ferner die Patienten durch Geräusche aus dem Krankenhausgelände, durch fliegende Insekten u. dgl. gestört werden.

Nur die breite Fensteröffnung hat gute Lüftungswirkung. Lüftung durch obere Flügel ist bei geringer Öffnung wenig wirksam und häufig wenig angenehm.

8. Lüftung durch die Türen empfiehlt sich nicht.

9. Andere sogenannte natürliche Lüftungen (durch Fußboden oder Wände) spielen keine Rolle.

10. Die *Wärme* als *Bewegungsmittel* für die Frischluft empfiehlt sich, weil dadurch automatisch die Gewähr gegeben ist, daß nicht zu kalte Luft in die Räume kommt.

11. *Maschinell* betriebene *Zentrallüftungs*einrichtungen haben den Nachteil der erheblichen Betriebskosten und der Hellhörigkeit der Anstalten (auch nachts!), aber gute und regulierbare Wirkungen, wenn dauernd für richtige Bedienung (Vertretung!) und für die notwendigen Reserven im Falle von Störungen gesorgt ist.

Stillstehende Lüftungsanlagen sind *bedenklich* wegen *Staubablagerung, Verschimmelung, Rückstau* und *Ungeziefer*.

12. *Maschinell* betriebene *lokale* Lüftungseinrichtungen dürfen *nicht Unterdruck* im Saal erzeugen, weil dadurch Ansaugung der Luft von ungeeigneten Stellen erfolgt.

*Überdruckerzeugung* mit Zuführung von reiner Frischluft verlangt *Vorwärmung* der zugeführten Luft.

13. *Luftumwälzung ohne Lufterneuerung* ist keine Lüftung, wohl aber wegen der *Luftbewegung* in bestimmten Fällen angenehm: Luft*umwälzung*, verbunden mit Luftreinigung ist für Krankensäle vorläufig als Ersatz der Lüftung noch nicht zu empfehlen.

14. Für größere Säle wird *dauernde* Luftzufuhr und Luftabfuhr durch besondere Wege nötig sein.

15. Alle *Lüftungseinrichtungen*, die *nicht* nachweislich *mindestens ein mal pro Stunde* die Luft völlig erneuern, können allein *nicht als ausreichend* für die Lufterneuerung angesehen werden und bedürfen stets noch der Fensterlüftung.

16. Das bloße Vorhandensein von *Lüftungseinrichtungen* berechtigt vorläufig nicht, den Luftraum je Bett *herabzusetzen*.

17. Inwieweit Ozon riechende Substanzen in Krankenräumen *zerstört*, ist noch nicht klar; ob es ein in jeder Beziehung geeignetes Mittel zur *Verdrängung* von unangenehmen Geruchsempfindungen durch eine angenehmere und anregendere ist, muß die Erfahrung zeigen.

18. In *Röntgenzimmern* wird neben entsprechend großem Luftraum dauernde Luftzufuhr und Luftabfuhr verlangt werden müssen, aber diese dauernde Lüftung wird gleichwohl nicht ausreichend sein, um große Mengen von riechenden Stoffen und sonstigen Beimengungen genügend schnell zu beseitigen. Gelegentliche schnelle Lufterneuerung ohne Rücksicht auf Zugluft wird nicht entbehrt werden können.

19. Für *Operationssäle* mit höherer Temperatur und Feuchtigkeit sowie den Beimengungen von Ätherdampf u. dgl. wird bei relativ großem Luftraum ein Luftumwälzungsverfahren oder aber Einblasung trockener, warmer Luft zweckmäßig sein.

20. Es ist heute technisch möglich, große Mengen Luft einzublasen, ohne daß die Luftströmungen lästig empfunden werden.

21. Alle Räume in der Nähe von Krankenzimmern, welche Quellen riechender Stoffe sind, sollten unter Unterdruck stehen und womöglich einen Vorraum haben.

22. Für Küchen, Wirtschaftsräume und alle anderen nicht zum Aufenthalt für Kranke bestimmte Räume sind besondere Vorschriften, die von den für solche Räume geltenden gewerbepolizeilichen Bestimmungen abweichen, nicht erforderlich.

Das gilt auch für Räume mit besonders starker Entwicklung von Dampf, fasrigem Staube oder von riechenden Stoffen (Desinfektionsanstalten, Inhalatoren, Laboratorien u. dgl.). In solchen Räumen wird genügend großer Luftraum sowie intermittierende starke Lüftung ohne Rücksicht auf Zugentstehung nötig sein. Starke dauernde künstliche Lufterneuerung wird vielleicht manchmal zweckmäßig, aber stets kostspielig sein.

23. Die Anforderungen an die Lüftung in der Nichtheizperiode sind in hygienischer Beziehung nicht grundsätzlich von den Anforderungen in der Heizperiode verschieden.

24. Jede Lüftung, auch die Fensterlüftung, erfordert eine häufige Kontrolle. Diese Kontrolle geschieht am besten durch thermohygrographische Registrierungen (lokale oder Fernregistrierungen). Nur zahlreiche solche Dauerregistrierungen werden, wenn nach ärztlichen Gesichtspunkten und auch sonst sachgemäß durchgeführt, die noch fehlende experimentelle Grundlage für zahlenmäßige Anforderungen an die Temperatur- und Feuchtigkeitsgrenzen der Luft in Krankenräumen bilden können. Vielleicht müssen dann die hier angegebenen Werte danach geändert werden. Es fehlen auch noch ausführliche und einwandfreie Daueruntersuchungen über Luftbewegung, Keimgehalt, Staubgehalt in Krankenräumen.

# Rundfunk in Krankenanstalten (R. R.).

Aufgestellt im Juni 1926.

## I. Vorbemerkung.

Nach den bis jetzt gemachten Erfahrungen sind die Darbietungen des Rundfunks neben ihrem kulturellen und erzieherischen Wert ein Mittel, den Kranken in ihrer zumeist gedrückten Gemütsstimmung Ablenkung, Zerstreuung und Aufheiterung zu bringen und sie das Kranksein weniger empfinden zu lassen. In manchen Fällen kann die psychische Behandlung der Kranken durch die Rundfunkunterhaltung erheblich gefördert und unterstützt werden. Nach diesem Bedürfnis kann den Krankenanstalten die Einrichtung von Rundfunkanlagen empfohlen werden.

Die Schwierigkeiten, die sich der Einrichtung und Benutzung von Rundfunkanlagen in den Anstalten anfänglich entgegenstellten, und die den Gutachterausschuß vor längerer Zeit veranlaßten, auf Grund des damaligen Standes der Verhältnisse von der Einführung des Rundfunks in den Anstalten abzuraten, sind durch die inzwischen gemachten Fortschritte der Technik zum großen Teil behoben.

Von der weiteren technischen Entwicklung und Vervollkommnung des Rundfunks und der Art der Darbietungen wird es abhängen, ob er zu einer dauernd begehrten Einrichtung für Krankenanstalten wird.

## II. Einrichtung.

1. Die Rundfunkanlage im Krankenhause ist so einzurichten, daß sie den Bedürfnissen der Anstalt und deren Kranken gerecht wird. Sie soll, wenn sie einmal vorhanden ist, einem möglichst großen Kreis von Kranken, den Angestellten und dem Personal der Anstalt zugänglich gemacht werden.

2. Für Schwerkranke sind im Hinblick auf das erhöhte Ruhebedürfnis dieser Kranken Rundfunkdarbietungen nicht geeignet, wohl

aber sind sie zu empfehlen für leichtere und solche Kranke, deren Aufenthalt im Krankenhaus von längerer Dauer ist (z. B. Augenkranke, chronisch Kranke, Tuberkulöse, Haut- und Geschlechtskranke usw.), insbesondere auch für Nervenabteilungen von Irrenanstalten, Kinderkrankenhäusern, Blinden-, Pflege-, Siechen- und Altersheime.

3. Jede Belästigung von Kranken, die nicht am Empfang teilnehmen sollen oder wollen, ist zu vermeiden. Lautsprecher sind daher in Krankenzimmern nicht zu verwenden, eignen sich aber für die Darbietungen in Personal-, Speise- und Aufenthaltsräumen und im Freien. Für Krankenzimmer sind Kopfhörer vorzusehen.

4. Für die Brauchbarkeit der Anlage im Krankenhaus ist Voraussetzung, daß sie technisch so beschaffen ist, daß eine reine und verzerrungsfreie Wiedergabe der Darbietungen ermöglicht wird. Als geeignetste Empfangsanlage hat sich bis jetzt die in einer Anzahl von Krankenanstalten bereits eingerichtete Zentralanlage mit nur einer Antenne erwiesen. Diese Anlage besteht aus einem Röhrenempfangsgerät und einem besonderen Zusatzgerät (Leistungsverstärker). Mit ihr kann eine größere Anzahl Lautsprecher sowie eine selbst für die größeren Anstalten ausreichende Zahl Kopfhörer (bis zu 8000) betrieben werden. Auch größere Entfernungen der einzelnen Hörstellen voneinander (bis zu 2 km) haben auf die Güte der Darbietungen keinen nachhaltigen Einfluß.

In größeren, aus mehreren Gebäuden bestehenden Anstalten wird die Empfangsanlage zweckmäßig in einem Raum untergebracht, der in der Mitte der Gebäudegruppe liegt. Das Heranbringen der Darbietungen an jedes beliebige Bett wird dadurch ermöglicht, daß die Drahtleitungen in die einzelnen Zimmer zu Steckdosen geführt werden, an welche die Kopfhörer unmittelbar anzuschließen sind. Die Beschaffenheit der Steckdosen ermöglicht die Wahl verschiedener Lautstärken. Sie sind so zu befestigen, daß ein Herunterreißen oder Beschädigen durch Ungeschicklichkeit der Kranken vermieden wird.

Durch die Anordnung der Steckdosen in den verschiedenen Räumen und an den für den Empfang vorgesehenen Lagerstätten kann auf die besonderen Bedürfnisse der Anstalt und der Kranken in weitestem Maße Rücksicht genommen werden.

5. Bei Neubauten empfiehlt es sich, Rundfunkanschluß durch Anbringung der erforderlichen Leitungen von vornherein vorzusehen. Bei der Ausführung des Anschlusses in vorhandenen Gebäuden ist darauf zu achten, daß jede Verunstaltung der Räume vermieden wird. Das Anbringen besonderer Zuleitungen kann da erspart werden, wo Reserveadern an Schwachstromanlagen (Fernsprech-, Feuermelde-, Pfleger-Überwachungsanlagen usw.) vorhanden sind, die als Verbindungsleitungen für die Steckdosen benutzt werden können.

6. Eine einheitliche Empfangsanlage bietet gleichzeitig die Möglichkeit, Darbietungen aus der eigenen Anstalt, wie Vorträge, Anordnungen, hygienische Anweisungen usw., verbreiten zu lassen. Zu diesem Zwecke wird dem Zusatzgerät eine Besprechungsanlage vorgeschaltet.

### III. Betrieb.

1. Bei Einrichtung einer zentralen Anlage wird der Betrieb der gesamten Anlage für die Anstalt von einer Stelle aus geregelt. Mit der Bedienung (Einschaltung der Batterien, Einstellen der Wellenlängen, Ausschalten bei Gewitter und zu den Tageszeiten der Ruhe) sowie mit der fortlaufenden Überwachung der Empfangsanlagen sind zuverlässige und sachverständige, möglichst elektrotechnisch geschulte Personen zu betrauen, die gleichzeitig in der Lage sind, Ausbesserungen an Leitungen, Hörern usw. vornehmen zu können.

2. Zur Vermeidung etwaiger Schadenersatzansprüche hat sich die Überwachung der Anlagen auch darauf zu erstrecken, daß Schädigungen von Personen, wie sie z. B. bei Benutzung von Kopfhörerleitungen durch ungenügende Isolierung gegen etwa in der Nähe befindlichen Starkstrom eintreten können, ferngehalten werden.

3. Da die in den Krankenanstalten vorhandenen Starkstromanlagen, insbesondere die Röntgen-, Diathermie- und sonstigen in Betracht kommenden Apparate örtliche Störungen verursachen, wird der Rundfunkempfang zumeist auf diejenigen Zeiten beschränkt werden müssen, in denen der Betrieb der Apparate ruht.

Die Ausdehnung des Empfangs auf die späten Abendstunden ist für Krankenräume zu vermeiden.

4. Die Anlage soll den Kranken unentgeltlich oder gegen eine geringe Gebühr zur Verfügung gestellt werden.

5. Bei Verwendung von Kopfhörern muß für Desinfektionsmöglichkeit gesorgt sein.

## Physikalisch-Therapeutische Einrichtungen in Krankenhäusern.

Aufgestellt im Juni 1926.

1. Die PT. (physikalische Therapie) hat in den letzten 20 Jahren durch die Entwicklung der physikalischen und medizinischen Wissenschaft so große Fortschritte gemacht, daß jedes Krankenhaus ihre Anwendungsformen ermöglichen muß. Diese Fortschritte gehen dauernd weiter; aller Voraussicht nach werden sie in der Zukunft die Bedeutung der PT. in der Behandlung der Kranken, neben den anderen Behandlungsmethoden (Arzneibehandlung, Chirurgie), immer mehr steigern.

2. Die Anwendung der PT. in Krankheitsfällen bedeutet vielfach eine Ersparnis, da die einmal vorhandenen Hilfsmittel der PT. nicht, wie die Arzneien, aufgebraucht, sondern nur wenig abgenutzt werden.

3. Die Anwendung der PT. in KA. (Krankenanstalten) ist aus wirtschaftlichen, technischen und medizinischen Gründen zweckmäßig an einer Stelle und unter bestimmten, dazu besonders angelernten Personen zu vereinigen.

4. Das zuständige Personal muß nicht nur mit der Anwendung, sondern auch mit der Reinigung und der Ausbesserung leichter Schäden an den Einrichtungen und Apparaten vertraut sein. Schwierigere Reparaturen müssen von sachverständiger Hand ausgeführt werden: entweder durch vertraglich verpflichtete Fachleute des Ortes oder durch eigens angestellte Monteure.

5. Die Haftpflichtfrage der KA. bedarf bei der PT. besonderer Aufmerksamkeit, für die Kranken wie für die Ausübenden. Die Gefahren sind besonders groß in der Elektro- und Strahlentherapie.

6. Die Verantwortlichkeit für den Betrieb der PT. in KA. muß einer Persönlichkeit (Arzt oder in kleineren KA. Schwester) übertragen werden. Dies schließt einen Wechsel nach geeigneter Zeit nicht aus, um möglichst viele Personalmitglieder mit der PT. vertraut zu machen.

7. Nur in Ausnahmefällen, bei bettlägerigen Kranken, dürfen Maßnahmen der PT. am Krankenbett im Krankenraum vorgenommen werden. Überall sonst gehören sie grundsätzlich in besondere Räume der KA.

8. Um diese Räume auszunutzen und die Wirtschaftlichkeit der KA. zu steigern, empfiehlt es sich, die PT.-Einrichtungen in KA. auch ambulanten, von den Hausärzten zugewiesenen Kranken zugängig zu machen. Die Behandlung besorgt die KA. durch die von ihr beauftragte Persönlichkeit. Häufig kann die Behandlung in der KA. begonnen, nach der Entlassung aber auch ambulant fortgesetzt werden.

9. Die Unterbringung von PT.-Räumen darf nur in leicht zugängigen Gebäudeteilen geschehen. Bei Verwendung höher liegender Geschosse, gegen die sonst keine Einwendungen bestehen, ist der Aufzug nicht zu entbehren.

10. Die Sauberhaltung der PT.-Räume muß besonders sorgfältig sein: bei täglichem Betrieb ist tägliche vollständige Reinigung notwendig.

11. Fußboden und Wände sind der leichten und raschen Reinigung wegen abwaschbar oder abspritzbar herzustellen. Räume für Hydrotherapie brauchen Fußbodenablauf.

12. Sämtliche Leitungen, Röhren und Drähte sind vor der Wand in einem Abstand von mindestens 3 cm zu verlegen, mit glatten Röhren und abwaschbar. Übersichtliche Anordnung und durchgehende Farbzeichen sind notwendig.

13. Heiz- und Beleuchtungskörper, Türen und Fenster müssen rasch und vollständig zu reinigen sein. Fußbodenheizung ist in allen Räumen für physikalische Therapie zweckmäßig.

14. Sämtliche Apparate und Einrichtungen müssen bequem zur Benutzung, wenn notwendig, leicht beweglich, und mit solchen Schutzvorrichtungen aufgestellt werden, daß weder die Kranken noch der Behandelnde zu Schaden kommen können, aber auch die Apparate selbst vor Beschädigungen geschützt sind.

15. Außer den im folgenden für die verschiedenen Größen von KA. als notwendig aufgeführten Einrichtungen der PT. und außer den dafür bestimmten Räumen bedarf der Betrieb der PT. in KA. eines Raumes für die wartenden Kranken, eines Nebenraumes für Buchführung und reine Wäsche, eines Abstellraumes für benutzte Wäsche und einer nahegelegenen, am besten eigenen, Abortanlage.

16. Aus wirtschaftlichen Gründen ist dringend zu empfehlen, die Buchführung über die Anwendung der PT. in den KA. möglichst sorgfältig vorzunehmen, Einnahmen und Ausgaben nebeneinander zu buchen, eine Jahresbilanz aufzustellen und die in den meisten Fällen zu erzielenden Überschüsse zunächst für die Verbesserung und Vervollständigung der Einrichtungen der PT. zu verwenden.

17. Der Raumbedarf für die PT. läßt sich in KA. bis zu 50 Betten mit 1—2 Räumen, bis 150 Betten mit 4—5, bis 500 Betten mit 6—10, in großen KA. mit mehr Räumen, unter Berücksichtigung der Beanspruchung durch ambulante Kranke, decken. Teilung größerer Räume in Boxen ist in einzelnen Zweigen der PT. möglich.

In großen KA. werden die Einrichtungen für PT. am besten in einem besonderen Gebäude zusammengefaßt. In alten KA. läßt sich bei Gelegenheit von Erweiterungen oder Neubauten der technisch-wirtschaftlichen Betriebe die Einrichtung für die PT. verhältnismäßig leicht in früheren Kessel- oder Desinfektionshäusern, in alten Wasch- oder Kochküchen unterbringen.

18. KA. bis 50 Betten brauchen heute zur PT. notwendig:

A. *Mechanotherapie:*
- a) Massage von Hand aus,
- b) Massagekugel,
- c) Motormassage (Universalanschlußapparat).

B. *Pneumotherapie:*
- a) Kleine Inhalationsapparate, mehrere,
- b) Apparatur zur künstlichen Beatmung, insbesondere mit Sauerstoff.

C. *Elektrotherapie:*
- a) Faradisationsapparat (tragbar),
- b) Universalanschlußapparat,
- c) Kleiner Hochfrequenzapparat,
- d) Elektro-Rettungskasten.

D. *Thermo- und Hydrotherapie:*
- a) Eisbeutel,
- b) Kühlschläuche,
- c) Wärmflaschen,
- d) Heizkissen,
- e) 2 Badewannen (1 aus Holz) für Krankenbäder jeder Art, besonders für chemische Kohlensäurebäder,
- f) Regendusche, warm und kalt,
- g) Heißluftkästen für verschiedene Körperteile, etwa 3—4 in verschiedener Ausführung, gegebenenfalls in Improvisation,

h) Für Packungen der verschiedensten Art sind Wolldecken und Wäsche in reichlicher Menge sowie die notwendigen Ruhelager bereitzustellen.

E. *Strahlentherapie:*

a) Einrichtung für ultraviolettes Licht,
b) Einrichtung für Wärmebestrahlung,
c) Luft- und Sonnenbad (Garten oder Dach mit Dusche).

19. Für KA. bis 150 Betten bedarf es außer den unter Nr. 18 genannten Einrichtungen:

A. *Mechanotherapie:*

a) Eine Schwester und ein Wärter, in Massage besonders angelernt,
b) Massageanschlußapparat mit reichlichen Ansätzen,
c) Universalapparat für Medicomechanik (oder mehrere Einzelapparate).

B. *Pneumotherapie:*

a) Vermehrung der Zahl der Inhalationsapparate.

C. *Elektrotherapie:*

a) 2 fahrbare Universalanschlußapparate, je für die innere und äußere Abteilung,
b) Diathermie.

D. *Thermo- und Hydrotherapie:*

a) Römisch-irisches Bad,
b) Glühlichtkästen für den ganzen Körper,
c) Apparative Kohlensäurebäder.

20. In den großen und ganz großen KA. bedarf man einer Vermehrung der Zahl aller bisher genannten Einrichtungen, außerdem ist hier notwendig:

A. *Mechanotherapie:*

a) Einrichtung zur Ataxiebehandlung,
b) Vervollständigung der medicomechanischen Apparate, evtl. Gymnastik und Turnsaal.

B. *Pneumotherapie:*

a) Einrichtung zur Unter- und Überdruckatmung,
b) Inhalatorium,
c) Roßbachscher Atmungsstuhl oder ähnlicher Apparat.

C. *Elektrotherapie:*

a) Große Hochfrequenzapparatur,
b) Vier- und Zwei-Zellen-Bad,
c) Bergonniéscher Apparat,
d) Influenzmaschine.

D. *Thermo- und Hydrotherapie:*

a) Arzneibäder,
b) Moorbäder,
c) Sandbäder,
d) Teilbäder,

e) Wellenfußbad,
f) Verschiedene Duschen (Duschenkatheder),
g) Tauchbad,
h) Dampfbad, als Sitzbad oder im besonderen Raum,
i) Faradisches Bad,
k) Wechselstrombad.

E. *Strahlentherapie:*
a) Einrichtungen zur Röntgenbehandlung, aber nur unter einem, evtl. nebenamtlich tätigen, Röntgenfacharzt und unter fachkundigem Personal,
b) Radiumsubstanzbehandlung.

# Krankenhaus und ambulatorische Behandlung.

Aufgestellt im Juni 1928.

1. Seit Jahrzehnten besteht überall, seit Kriegsende in Deutschland aber noch stärker als vorher, bemerkbare Krankenbettennot in den geschlossenen Heilanstalten und wirkt sich in einem außerordentlich hohen Maße als finanzielle Belastung der Träger des Krankenhauswesens aus. Sie erschwert dadurch die betriebliche und die den Fortschritten der medizinischen und hygienischen Technik nachgehende Entwicklung.

2. Aus diesen Gründen ist die seit etwa 20 Jahren immer wieder gestellte Forderung, durch alle durchführbaren Möglichkeiten das Zeitmaß der Schaffung neuer Betten zu verlangsamen, heut dringlicher als je.

3. Unter den vorgeschlagenen Maßnahmen ist diejenige der Beschränkung des Aufenthalts in der geschlossenen Anstalt auf das Mindestmaß die aussichtsreichste Methode, sofern sie die gesundheitliche, berufliche und wirtschaftliche Wiederherstellung der Erkrankten und die Verhütung der Übertragungsgefahr berücksichtigt.

4. Sowohl in den inneren und chirurgischen Abteilungen wie in vielen Fachabteilungen suchen zahlreiche Kranke die Anstalt lediglich deshalb auf, weil nur in ihr die erforderlichen Einrichtungen für die Erkennung des Leidens und für seine Behandlung vorhanden sind; für diese Gruppe besteht aber an sich darüber hinaus oft noch nicht die Notwendigkeit eines ständigen Aufenthaltes für Tag und Nacht. Immerhin darf selbst bei dieser Gruppe die Notwendigkeit dauernder Beobachtung und Erziehung zu zweckmäßigem Verhalten und zur Vermeidung von Schädlichkeiten, die dem Erfolg der Behandlung entgegenwirken, selbst bei fehlender Notwendigkeit ständigen Aufenthalts in der geschlossenen Anstalt nicht übersehen werden. Sehr groß aber ist die Zahl derjenigen Kranken, bei denen meist erst im Laufe des Krankenhausaufenthalts der Zeitpunkt eintritt, in dem es nur

noch der Fortsetzung der Behandlung mit den Einrichtungen der Anstalt bedarf, während die Notwendigkeit dauernden Aufenthalts wegfällt. Die Belastung der Anstaltsbetten mit diesen Gruppen wird noch dadurch stärker, daß eine solche Behandlung oft nicht mehr täglich erfordert wird oder nur eine kürzere Zeit am Tage beansprucht. Solche Kranke können ohne gesundheitlichen und sonstigen Schaden auch ambulant behandelt werden. Doch liegt es in ihrem Interesse, noch im Zusammenhang mit der geschlossenen Anstalt zu verbleiben. Der maßgebende Gesichtspunkt für die Angliederung von Anstaltseinrichtungen zur ambulanten Behandlung von Kranken innerhalb der Räume der geschlossenen Anstalt muß ausschließlich die *Entlastung* dieser Anstalten bleiben. Darum liegt kein irgendwie zu begründendes Interesse für die Krankenhäuser vor, auch solche Kranke ambulant zu behandeln, deren Versorgung ebensogut durch praktische Ärzte, Kassenärzte und Fachärzte unter der Voraussetzung genügender, zur Verfügung stehender Apparatur möglich ist. Im Interesse des Krankenhauses liegt daher die Beschränkung der ambulanten Behandlung auf solche Fälle, die andernfalls im Krankenhause hätten verbleiben müssen.

5. Die klinische Analyse der einzelnen, heute in dauerndem Aufenthalt versorgten Krankheitsgruppen ergibt, daß durch Angliederung von Einrichtungen zur ambulanten Behandlung tatsächlich eine starke Entlastung der geschlossenen Anstalten erreicht werden und der Bettennot entgegengewirkt werden kann. Allerdings ist dies nicht ohne eine gewisse Erhöhung der ersten Einrichtungskosten und der Betriebskosten möglich, sie bleibt aber erheblich zurück hinter denjenigen Ausgaben, die durch die vollständige Unterbringung dieser Kranken in der Anstalt selbst für die gesamte Dauer ihrer Behandlungsbedürftigkeit erforderlich gewesen wären.

6. Mit der planmäßigen Angliederung solcher Ambulatorien kann aber ein zweites, noch wirksameres Ziel erreicht werden, für das Amerika und England Vorbilder geben. In Deutschland ist es allgemein nur einstweilen in den Anfängen in Angriff genommen und bisher besonders für zwei, wenn auch zahlreiche Gruppen von Anstaltsbedürftigen gefordert und gelegentlich durchgeführt worden, nämlich erstens bei den Tuberkulösen durch die Sichtung der zur Aufnahme überwiesenen Kranken auf Anstaltsbedürftigkeit, und zweitens für Unfallverletzte durch Eingliederung der Heilanstalten in die Organisation der ersten Hilfe und des Rettungswesens. Die auf die vollkommenen Einrichtungen der Krankenhäuser, wie bakteriologisches und pathologisches Untersuchungsinstitut, Röntgenabteilung, chemisches Laboratorium, zurückgreifenden Ambulatorien sind in zahlreichen Fällen in der Lage, zugleich auch die für den späteren Heilplan erforderlichen diagnostischen Untersuchungen vorzunehmen, die heute in zahlreichen Fällen eine Aufnahme in der Anstalt selbst erforderlich machen. Sie können im Zweifelsfalle zuverlässiger als der Aufnahmearzt über die Notwendigkeit einer stationären oder die Möglichkeit einer ambulanten Behandlung entscheiden. Auch die

Frage der Notwendigkeit einer Wiederaufnahme wird zweckmäßig der ambulanten Abteilung zur Entscheidung zu überweisen sein und damit bei vielen chronischen Erkrankungen, sobald der Kranke weiß, daß er steten und bequemen Rat findet, auch eine Verbesserung der heutigen Lage in der rechtzeitigen Wahl des Wiedereintritts in die Behandlung bei zahlreichen langwierigen Leiden zu erreichen sein.

# Regiebetriebe, insbesondere Werkstätten, im Krankenhaus.

Aufgestellt im Juni 1928.

## I.

1. Die Frage, ob und in welchem Umfange Regiebetriebe in Kranken-, Heil- und Pflegeanstalten einzurichten oder beizubehalten sind, ist nicht zu entscheiden nach allgemeinen Regeln und Grundsätzen, sondern ihre Entscheidung ist im Einzelfall wesentlich abhängig von der Größe, Lage, Art und Zweckbestimmung der Anstalt.

2. Die Führung von Regiebetrieben in den Anstalten ist grundsätzlich nur auf das unbedingt notwendige Maß zu beschränken.

3. Die Notwendigkeit sowie Art und Umfang der Selbstversorgung und die Zahl der für die einzelnen Zwecke zu beschäftigenden Arbeiter ergeben sich im wesentlichen aus folgenden Forderungen und Voraussetzungen:

a) Befriedigung der unmittelbaren Bedürfnisse der Kranken,

b) Erfüllung der ärztlichen Forderungen in bezug auf die Krankenbeschäftigung,

c) Gewährleistung der nötigen Betriebssicherheit,

d) Sicherung der Wirtschaftlichkeit.

Zu a) Die Voraussetzungen für die Berücksichtigung der unmittelbaren Bedürfnisse der Kranken sind sehr verschiedenartig.

Das Wohlbefinden der Kranken im Krankenhaus hat besonders zur Voraussetzung, daß alle Mittel, die dem Kranken zur Befriedigung persönlicher Bedürfnisse dienen, in einer seinem körperlichen und seelischen Zustand dienlichen und förderlichen Weise dargeboten werden.

Zu den unmittelbaren Bedürfnissen der Kranken gehört in erster Linie die Wahrung der nötigen Ruhe im Krankenhaus und in den Krankenräumen. Es ist daher sehr vorteilhaft, Ausbesserungen aller Art auf den Krankenabteilungen, soweit irgend möglich, nur durch im Krankenhausdienst geschultes und ortskundiges Personal vornehmen zu lassen.

Den Bedürfnissen der Kranken kann weiter dadurch Rechnung getragen werden, daß die im Krankenhaus selbst erzeugten und unter Berücksichtigung ärztlicher Gesichtspunkte selbst hergestellten Lebensmittel und sonstigen Bedarfsgegenstände in bester Beschaffenheit unter Verwendung erstklassigen Materials dargeboten werden

(Herstellung von Wurst, Fleisch und Backwaren, von Gemüse- und Obstkonserven im eigenen Betrieb, Entnahme frischer Gemüse und Suppenkräuter aus den Gemüsegärten, Bereitstellung von Blumenschmuck aus der Gärtnerei in den Krankenzimmern, Pflege der gärtnerischen Anlagen, Vorhaltung bester, nach den Erfahrungen im Krankenhausbetrieb hergestellter Matratzen usw.).

Zu b) Für Heil- und Pflegeanstalten sind Regiebetriebe nicht nur zweckmäßig, sondern in einem der Belegung der Anstalt entsprechenden Umfange notwendig und unentbehrlich. Die Beschäftigung der Kranken ist ein nicht zu entbehrender Heilfaktor; der Beschäftigungstherapie ist daher in diesen Anstalten größte Aufmerksamkeit zuzuwenden.

Regiebetriebe der Heil- und Pflegeanstalten sind ihrem Umfange nach im allgemeinen dem eigenen Bedarf der Anstalt anzupassen, höchstens noch dem Bedarf benachbarter Anstalten dienstbar zu machen. Von dem Wettbewerb auf dem öffentlichen Markt sollen sie sich tunlichst fernhaten.

Zu c) Zur Gewährleistung der Betriebssicherheit im Krankenhaus ist es notwendig, bei plötzlichen Störungen in den technischen Anlagen (z. B. bei Rohrbrüchen, beim Versagen von Fahrstühlen, elektrischen Leitungen usw.) die erforderlichen Instandsetzungsarbeiten ohne Verzug und ohne Rücksicht auf Tages- und Nachtzeit durch Anstaltshandwerker ausführen zu lassen.

Zu d) Auf die Wirtschaftlichkeit der Regiebetriebe ist in jedem Falle weitgehend Bedacht zu nehmen; sie ist aber für die Entscheidung über die Einrichtung oder Beib haltung eines Regiebetriebes nicht allein ausschlaggebend, vielmehr ist im Belange der Krankenversorgung und der ordnungsmäßigen Durchführung des Anstaltsbetriebes in erster Linie die Berücksichtigung der vorstehend unter a—c herausgestellten Gesichtspunkte entscheidend. Über das durch die reinen Betriebsbelange gebotene Maß hinaus ist eine Erweiterung der Sebstversorgung in einer Anstalt nur dann begründet wenn nennenswerte Ersparnisse im eigenen Betrieb erzielt werden, den geldlichen Belangen der Rechtsträger also Rechnung getragen wird und damit für die Allgemeinheit ein Vorteil erwächst. Dies entspricht der selbstverständlichen Forderung nach einer wirtschaftlichen Gestaltung der öffentlichen Verwaltung. Sonderbelange einzelner freier Berufsgruppen haben demgegenüber zurückzutreten.

## II.

Unter Berücksichtigung vorstehender Erwägungen kann für die Anstalten die Notwendigkeit bzw. Zweckmäßigkeit folgender Regiebetriebe anerkannt werden.

a) *Apotheken:* für größere Anstalten.

*Voraussetzung:* Der Umfang der Versorgung muß eine Ausnutzung der Kräfte gewährleisten.

b) Schlächterei<br>c) Bäckerei } für größere Anstalten und solche, die in größerer Entfernung von Städten liegen.

*Voraussetzungen:*

1. Sachgemäße und wirtschaftlich vorteilhafte Beschaffung des Schlachtviehs,

2. Möglichkeit ausreichender Beschäftigung der vorhandenen Arbeitskräfte.

d) *Landwirtschaft* mit Nebenbetrieben (Milchwirtschaft, Hühnerzucht):

im allgemeinen nur für Heil- und Pflegeanstalten, insbesondere zum Zwecke der Beschaffung von Arbeitsmöglichkeiten für die Kranken im Freien.

e) *Schweinemästerei* (zur wirtschaftlichen Verwendung der Abfälle): für alle Krankenanstalten.

*Voraussetzung:* Unterbringung der Schweineställe in genügender Entfernung von den übrigen Gebäuden.

f) *Gärtnerei* für große und mittlere Anstalten auf *eigenem* Gelände, wenn dieses nicht zu weit von der Anstalt entfernt liegt.

g) Werkstatt für *Schlosser, Elektriker, Klempner, Tischler, Maler, Maurer,* für große und mittlere Anstalten.

h) *Polsterwerkstatt* für größere Anstalten.

i) *Nähstube* für alle Anstalten.

k) *Schneiderwerkstatt* 1. für Heil- und Pflegeanstalten, 2. für große allgemeine Krankenanstalten.

l) *Sonstige Werkstätten,* wie Bürstenmacherei, Mattenflechterei, Korbflechterei, Handweberei, Buchbinderei, Schuhmacherei usw. für große Heil- und Pflegeanstalten aus beschäftigungstherapeutischen Gründen.

m) Für kleinere Krankenanstalten genügen in der Regel je nach Umfang ein Arbeiter oder wenige geschulte Kräfte, sofern die vorkommenden Arbeiten nicht von dem Heizer oder Maschinenmeister nebenbei erledigt werden können.

## III.

1. Regiebetriebe, die Lärm verursachen oder Gerüche erzeugen, sind von den übrigen Gebäuden so weit entfernt einzurichten, daß Störungen oder Belästigungen für die Umgebung, insbesondere für Kranke, vermieden werden.

2. Soweit es sich nicht um geschlossene Betriebe handelt (vgl. z. B. 2a—f, k und l), soll die Zahl der in dem Regiebetrieb beschäftigten Kräfte so gering bemessen sein, daß sie sich in der Regel auf die Vornahme von Instandsetzungsarbeiten und auf kleinere zur zeitlichen Ausnutzung der Arbeitskräfte gebotene Neuanfertigungen beschränken können.

3. Im übrigen ist für Neuherstellungen, größere Malerarbeiten usw. in der Regel die Heranziehung von privaten Unternehmern im Wege der Ausschreibung zu empfehlen.

4. Wo in Krankenanstalten Regiebetriebe über den durch die Betriebsnotwendigkeiten bedingten Umfang hinaus vorhanden sind, ist entsprechender Abbau anzuraten.

In ganz großen Anstalten, die Werkstätten mit ausreichenden und neuzeitlichen maschinellen Einrichtungen bereits unterhalten, sollte deren Beibehaltung, gegebenenfalls auch dem weiteren Ausbau, nichts im Wege stehen, wenn die Wirtschaftlichkeit gewährleistet ist.

5. Zur Sicherung der Wirtschaftlichkeit der Regiebetriebe und der sachgemäßen Ausführung der Arbeiten ist es unbedingt nötig.

a) nur tüchtiges, zuverlässiges und fleißiges Personal zu beschäftigen,

b) die Arbeiten auf die einzelnen Kräfte planmäßig zu verteilen und ihre ordnungsmäßige Durchführung unter Beachtung aller Gesichtspunkte einer wirtschaftlichen Betriebsweise zu überwachen,

c) die Werkstättenbedürfnisse vorteilhaft einzukaufen,

d) von Zeit zu Zeit stichprobenweise Berechnungen über die Wirtschaftlichkeit aufzustellen, soweit sich diese nicht aus gesonderter Buchführung für einzelne geschlossene Betriebe ergibt.

6. Von einer besonderen Buchführung für die Regiebetriebe ist zur Vermeidung von Geschäftserschwernissen dann abzusehen, wenn sie den Verwaltungsapparat verteuert und die aufgewendete Arbeit in keinem Verhältnis zum Erfolg steht. Insbesondere dürfte dies zutreffen auf diejenigen Werkstätten, in denen fast ausschließlich Instandsetzungsarbeiten verrichtet werden (II Ziff. g, h, i). In diesen Fällen genügen zur Überwachung und stichprobenweisen Nachprüfung der Wirtschaftlichkeit buchmäßige Aufzeichnungen über die verrichteten Arbeiten mit Zeitangabe.

# Beköstigungs- und Küchenwesen.

Aufgestellt im Februar 1926.

## I. Vorbemerkung.

Da es nicht möglich ist, bis ins einzelne bindende Grundsätze für alle Arten von Krankenanstalten aufzustellen, sind die nachstehenden Richtlinien in erster Linie auf *große allgemeine Krankenanstalten* zugeschnitten, weil die Schwierigkeiten im Beköstigungswesen mit der Größe der Anstalt steigen. Die allgemeinen Grundsätze gelten ohne Einschränkung auch für die *kleinen Anstalten.* Dem Abschnitt IV: „Bau und Einrichtung“ ist am Schluß eine Aufstellung der für kleine Anstalten unbedingt notwendigen Räume und Einrichtungsgegenstände beigefügt.

## II. Aufgabe des Beköstigungsbetriebes.

Die *Krankenkost* ist ein Heilmittel, und zwar mitunter das einzige. Daher ist fachkundige Zubereitung unter ärztlicher Mitwirkung und richtige Verausgabung von größter Wichtigkeit für die Kranken und das Ansehen der Anstalt. Die Art des Anrichtens ist ausschlaggebend für die Erreichung des nötigen physiologischen Anreizes zum Essen. Stete Abwechslung ist geboten. Möglichste Einfachheit ist zur Vermeidung unnötiger Verteuerung notwendig.

Die *Einheitskost* für alle Kranke und das gesamte Personal widerspricht allen physiologischen und therapeutischen Grundsätzen und ist daher zu verwerfen. Der dauernde Genuß einer auf Kranke eingestellten Einheitskost darf Gesunden nicht zugemutet werden, ebensowenig ist die Zeit der Erkrankung geeignet, um Lebensgewohnheiten ohne ärztlichen Grund umzustellen. Wie schon im gewöhnlichen Leben ist mit noch größerem Recht im Krankenhaus *weitgehende Differenzierung der Kost* erforderlich. Es sind *getrennte Speisepläne* notwendig für:

Kranke III. Klasse<br>
Kranke I. und II. Klasse } nach den Kostformen,<br>
Sonderdiäten für Kranke I. bis III. Klasse,<br>
Milchmischungen für Säuglinge,<br>
Ärzte,<br>
Schwestern und<br>
das übrige Personal.

## III. Zentralisation von Anlage und Leitung.

Örtlich getrennte Küchen verringern zwar die durch den Transport der Speisen erwachsenden Nachteile, sind aber durch Verteuerung von Anlage und Betrieb unwirtschaftlich. Die *Zentralisation* von Anlage und Leitung ist daher geboten. Die Individualität der Kostarten kann dabei durchaus gewahrt werden, die möglichen Nachteile sind weitgehend vermeidbar. Auch die Diätküche ist in die Zentralisation einzubeziehen, ohne daß ihr der notwendige Grad der Selbständigkeit genommen zu werden braucht.

Die Leitung des gesamten Beköstigungswesens obliegt der Krankenhausverwaltung unter pflichtgemäßer und aktiver Beteiligung eines in der Diätetik erfahrenen Arztes. Die Bildung einer Küchenkommission unter Heranziehung von Arzt, Schwester und Personal (letzteres nur für dessen Belange) ist von Nutzen.

## IV. Bau und Einrichtung.

Die in den Richtlinien für den Neubau von Krankenanstalten (R.A.) unter XXVI a) bis c) niedergelegten Grundsätze werden wie folgt ergänzt:

Die zur Verkürzung des Transportweges möglichst zentral gelegene *Hauptbeköstigungsanlage muß enthalten:*

1. *die Hauptküche mit*

A. Kochküche<br>
B. Bratküche<br>
C. Kalte Küche<br>
D. Backküche<br>
E. Kaffeeküche<br>
F. Milchküche<br>
G. Diätküche<br>
H. Fleischzubereitungsraum mit Kühlgelegenheit<br>
J. Geflügel- und Fischzubereitungsraum<br>
K. Handvorratsraum

L. Zwei Ausgaben von hinreichender Größe mit Vorfahrt

M. Zimmer für die Küchenleitung

N. Reichlich Aborte, getrennt für männl. und weibl. Personal mit Händewaschgelegenheit im Vorraum

O. Unter Umständen auch eine Lehrküche, mit der Diätküche vereinigt.

2. *Nebenräume:*

A. Kartoffel- und Gemüseputzraum
B. Spülküche
C. Aufbewahrungsraum für Abfälle.

Zweckmäßig ist ein Raum für Selbstherstellung von Konserven.

3. *Vorratsräume für*

A. Speisereste (soweit nicht mit 1 C vereinigt)
B. Milch, Eier, Butter und davon getrennt Käse (in der Nähe von 1 C oder 1 F)
C. Brotkammer
D. Keller für Wintergemüse
E. Kartoffeln (Keller)
F. Kolonialwaren
G. Getränke (Keller)

4. *Umkleideräume und Bad,*
auch für etwa nicht in der Anstalt wohnendes Küchenpersonal.

5. *Speiseräume*
für das Küchenpersonal.

Handwaschbecken sind in allen der Speisezubereitung dienenden Räumen vorzusehen. Versenkbare oder verschiebbare Fliegenfenster sind in allen Küchenräumen und Nebenräumen notwendig.

Die Anordnung der Räume zueinander und die Aufstellung der Einrichtungsgegenstände ist so vorzusehen, daß der Arbeitsgang überall in zeit- und kraftsparender Weise abläuft.

Eigene *Metzgerei* und *Bäckerei* sind als selbständige Betriebe gesondert unterzubringen. Über ihre Notwendigkeit vgl. R.A. XXVII f.

Zur Verringerung des Speisetransportes wird Einrichtung des Personalspeiseraumes im I. Stock des Küchengebäudes oder in einem Anbau empfohlen. Hier können Geschirrspülmaschinen von Nutzen sein.

Wegen allgemeiner Kühl- und Eiserzeugungsanlage vgl. R.A. XXVI, c.

*Zu 1 A. und B.* Vereinigung der *Koch- und Bratküche* in einem Raume mit einer nur dem allgemeinen Raumverhältnis und dem Tageslichtbedürfnis entsprechenden Höhe, die bei guter künstlicher Ventilation ausreicht. Darin:

An günstiger Stelle erhöhter, eingeglaster Stand für die Leitung mit Telephon und Schreibgelegenheit.

Gruppe der Kochkessel, Kartoffelkocher, Kipptöpfe, Bratwandschränke. Als Kesselmetall — auch zu allem anderen Küchengerät!

— hat sich Nickel bestens bewährt; ob Aluminium gleichwertig ist, muß hinsichtlich der Dampfkochkessel noch erprobt werden. Zur Ausstattung gehören weiter Passiermaschine mit Deckel, Gewürzmühle, Küchenwaagen, Tische und niedrige Karren als Beförderungsmittel. Dann die nötige Anzahl Herde für die Zubereitung der III. Klassediäten, der Kost I. und II. Klasse, der Ärztekost und der Schwesternkost. Der Kohlenherd hat den Nachteil der Verschmutzung durch Kohlenstaub und Asche, daher ist Gas- oder elektrischer Herd vorzuziehen, je nachdem der betreffende Tarif wirtschaftlicher ist.

Für Töpfe kommt in Betracht rein Nickel, Kupfer verzinnt, Aluminium und Hartsteingut. Verzinnung ist kostspielig und muß hinsichtlich des gesetzlich vorgeschriebenen Bleigehaltes überwacht werden. Für Bratpfannen ist Eisen einwandfrei. Tröge und Mulden aus starkem Aluminium haben sich bewährt. Verzinktes Eisen sollte nicht benutzt werden. Geschirre oder Geräte aus emailliertem Eisen sind in der Küche, zum Transport und in der Ausspeisung abzulehnen. Aluminiumgefäße sind ungeeignet für Schlagen von Eiern wegen der eintretenden Verfärbung.

Koch- und Bratküche gehören in nächste Raumverbindung, weil für das Kochen in den Kochkesseln vieles erst angeröstet oder gebraten werden muß. Der Küchenleitung wird die Übersicht erleichtert.

*Zu 1 C. Die kalte Küche* ist unbedingt abzutrennen, sie dient dem Herrichten des Aufschnittes, der Verteilung von Backware, Butter, Käse und der Herstellung von Speiseeis und sonstigen kalten Gerichten. An Maschinen sind notwendig: Aufschnittmaschine, Brotschneidemaschine, Eiszerkleinerungs- und Speiseeismaschine, ferner Küchenwaage. Die Tische müssen leicht abwaschbar sein (z. B. Granitplatten).

*Zu 1 D. Backküche* mit getrennten Räumen für Teigzubereitung und Anfertigung der Backwaren einerseits sowie Backraum andererseits. Eine gesonderte Backküche ist notwendig zur Vermeidung von Zug, zur Fernhaltung des Koch- und Bratgeruches. Sie entzieht auch die hergestellten Backwaren dem Zugriff des übrigen Küchenpersonals. Die Formen und Bleche müssen im Backküchenraum verbleiben, da sie nur trocken gereinigt werden dürfen. Für die Einrichtung sind notwendig Teigknetmaschine, Schlagmaschine, Obstentkern- und Schälmaschine und Waage.

*Zu 1 E. Die Kaffeeküche* bedarf eines Sonderraumes zwecks sorgfältigerer Zubereitung als meistens üblich und um andere Gerüche fernzuhalten. Kaffeemühle und Kaffeekessel oder -Maschine und Waage.

*Zu 1 F. Die Milchküche* muß abgesondert sein und darf mit dem Krankenhaus nur durch einen Schalter verkehren. Sie braucht außer dem Arbeitsraum einen Kühlraum, Einrichtungen für Entschmutzung, Tiefkühlung, Pasteurisieren oder Abkochen, sowie Vorrichtungen zur pädiatrisch überwachten Herstellung von Säuglingsmischungen. Nebenraum für Reinigung und Sterilisation der Milchgefäße ist notwendig. Es kann zweckmäßig sein, die Herstellung der Säuglingsnahrung räumlich mit der Kinderklinik zu vereinigen.

Falls die Verwaltungsbehörde eine eigene Sammelmolkerei besitzt, kommt Bezug trinkfertiger, pasteurisierter Milch in Flaschen für die Stationen und von Kannenmilch für die Küche in Frage.

*Zu 1 G. Die Diätküche* benutzt die allgemeinen Einrichtungen weitgehend mit und bedarf außer des Herdes und einiger Kippkessel eigenes Geschirr, eine kleinere Passiermaschine sowie einen Reibstein und Waagen. Sie muß über einen eigenen Eisschrank verfügen. Eisschränke mit künstlicher Kühlvorrichtung haben den Vorzug trockener, kalter Luft, die Temperatur ist einstellbar, im Betrieb haben sie sich bewährt.

*Zu 1 H. Im Fleischzubereitungsraum* findet die Fleischzerlegung und -Herrichtung statt. In unmittelbarer Nähe ist ein Fleischkühlraum vorzusehen. Zur Ausstattung gehören leicht abwaschbarer Tisch, Fleischklotz, Fleischwolf, Spülbecken, Mulden.

*Zu 1 J. Für Geflügel- und Fischeputzen* ist ein Nebenraum mit eigenen Geräten zweckmäßig, ferner mit geteiltem Kühlschrank zur getrennten Aufbewahrung von Fischen und Geflügel und evtl. einem Fischbassin.

*Zu 1 L. Die Ausgaben* mit gedeckter Vorfahrt können nicht groß genug vorgesehen werden, da hiervon die Schnelligkeit des Abtransportes abhängt. Die in den Küchen gefüllten Gefäße müssen auf kürzestem Wege, evtl. auf Transportband zum Ausgaberaum gelangen. Dieser muß stark heizbar sein und leicht verschließbar sowohl gegen die Küchen wie gegen die Straße. Die Ausgabeöffnungen zur Straße müssen so zahlreich und so breit sein, daß die Speiseautomobile oder Handwagen gleichzeitig beladen werden können. Wärmetische oder Wärmeschränke sind unnötig; das Ausgabegeschäft muß so ineinandergreifen, daß die *frisch* gefüllten Gefäße ohne Verzögerung abgefahren werden können.

*Zu 2 A. Der große Kartoffel- und Gemüseputzraum* mit zweckmäßiger Einschüttöffnung enthält Kartoffelwasch- und Schälmaschinen, mehrere Spülbecken mit großem Durchmesser des Zu- und Ablaufes, Kraut- und Gemüseschneidemaschinen.

*Zu 2 B. Die Spülküche* muß geräumig sein und darf nicht in störender Verbindung mit einer Küche stehen. Für Spülbecken hat sich Duranablech bewährt, der Durchmesser des Zu- und Ablaufes muß groß sein. Putzbänke sind vorzusehen.

*Zu 3. Alle Vorratsräume* müssen gut lüftbar, mit Fliegenfenstern versehen, trocken und kühl sein. Die unter A und B genannten müssen Kühlvorrichtungen besitzen.

*Anhang. Für kleine Anstalten liegen die Verhältnisse wesentlich einfacher. Die Räume können in folgender Weise zusammengefaßt werden:*

1. *Koch-, Brat-, Back-, Diätküche.*
2. *Kalte Küche mit Kaffeeküche, Kühlschrank.*
3. *Fleischzubereitungsraum mit Kühlschrank.*
4. *Milchraum mit Kühlschrank.*
5. *Kartoffel- und Gemüseputzraum.*

6. *Spülküche.*
7. *Vorratsraum für Kolonialwaren und Brot.*
8. *Kellerräume für Getränke, für Kartoffeln.*
9. *Raum für Küchenleitung.*
10. *Die hygienischen Einrichtungen müssen auch hier ausreichend vorgesehen werden.*

*Kleine Anstalten können die Dampfkessel entbehren, Dampfkipptöpfe können nützlich sein. Jede maschinelle Erleichterung, die Arbeitskraft spart, ist auch für die kleine Anstalt wertvoll. Die Industrie hat gute Modelle für Maschinentischanlagen mit eingebautem Motor.*

## V. Personal.

1. Der Auswahl der leitenden Persönlichkeit muß ein anderer und höherer Wert, als bisher üblich, beigelegt werden, da alle Anzeichen dafür sprechen, daß für die Diätetik eine Periode erhöhter Bedeutung eingesetzt hat. Die leitende Persönlichkeit muß eine vielseitige Ausbildung genossen haben, die sie in den Stand setzt, eine wirkliche Gehilfin des Arztes und der Verwaltung zu sein. Demnach kommt nur eine *weibliche Persönlichkeit* in Frage, die als hauswirtschaftliche Lehrerin geprüft ist, ernährungsphysiologisch sorgfältig durchgebildet ist und die staatliche Prüfung in der allgemeinen Krankenpflege bestanden hat. Es besteht geradezu ein Bedürfnis für einen solchen in dieser Form neuen Frauenberuf, und es ist anzustreben, daß in geeigneten Krankenanstalten Unterrichtsgelegenheit mit Prüfungsmöglichkeit staatlicherseits geschaffen wird.

Einer solchen Leiterin ist weibliches Personal beizugeben. Die Kochküche kann von einem Koch mit männlichen Hilfskräften bedient werden, der aber der Leiterin zu unterstellen ist. Die Diätküche ist einer Persönlichkeit mit der oben angegebenen Vorbildung anzuvertrauen, die im engen Einvernehmen mit der Leiterin des gesamten Küchenwesens und dem leitenden Arzt der inneren Abteilung zu arbeiten hat. Eine der Leiterinnen ist mit dem Unterricht der Schwestern im Beköstigungswesen zu beauftragen.

2. Das gesamte Küchenpersonal ist vor Eintritt und späterhin regelmäßig in vierteljährlichen Abständen ärztlich zu untersuchen, außer auf körperliche Geeignetheit auch auf gute Funktion der Sinnesorgane, ferner besonders auf das Freisein von ansteckenden und Hauterkrankungen. Bei Erhebung der Anamnese ist zu fragen, ob jemals Typhus, Paratyphus oder Ruhr bestanden hat. In Zweifelsfällen ist bakteriologische Untersuchung zwecks Ausschlusses von Bazillenträgern notwendig.

## VI. Handhabung des Verpflegungswesens.

1. Es muß eine Kostordnung vorhanden sein, die der Selbstbewirtschaftung innerhalb des bewilligten Geldsatzes genügend freie Hand läßt (siehe Abschnitt VII).

2. Die *Leitung und Überwachung* des ganzen Verpflegungswesens obliegt der Krankenhausverwaltung unter pflichtmäßiger Mitverant-

wortung der Ärzte und Schwestern, insbesondere für die richtige Verschreibung und für die sachgemäße Verabfolgung der fertigen Speisen an den einzelnen Kranken.

3. Der *Speisezettel* wird von der Verwaltung unter verantwortlicher Mitwirkung von Ärzten und Schwestern — sowie auch der Personalvertretung hinsichtlich der Personalkost — entsprechend den in der Kostordnung festgelegten Grundsätzen aufgestellt. Die Speisezettel sind umzudrucken, den Kliniken und anderen beteiligten Stellen rechtzeitig zuzustellen und in der Küche auszuhängen.

4. Die Verwaltung tätigt den *Einkauf*. Es sind stets nach kaufmännischen Gesichtspunkten Waren bester Güte und möglichst frisch zu beschaffen. Konserven dürfen nur insoweit verwendet werden, als Frischwaren wegen der Jahreszeit nicht erhältlich sind. Dörrgemüse soll nicht benutzt werden. Vor Ankauf müssen Proben vorliegen; zu ihrer Untersuchung sowie zur Feststellung, ob probegerecht geliefert wurde, kann die Heranziehung eines staatlichen Untersuchungsamtes im Einzelfalle von großem Nutzen sein.

5. *Lagerung der Lebensmittel.* Die Bestände dürfen nur dem notwendigen Bedürfnis entsprechen, es sei denn, daß ein Konjunkturkauf wirklich von Vorteil und lagerfähig ist. Das Lager muß ständig überwacht werden und ungezieferfrei sein. Der Lagerverwalter muß jeden Warenzugang prüfen und eine Karte führen, aus der Art, Menge und Preis jeder Ware, Lieferant und Tag der Anlieferung zu ersehen sind. Jede Ausgabe ist auf der Karte zu vermerken, so daß die Zusammenstellung der Kartenangaben den Lagerbestand ergibt. Das Lager darf Lebensmittel an die Küche nur auf Grund schriftlicher Anweisung der Küchenverwaltung gegen Empfangsbescheinigung abliefern. Fleischwaren, Backwaren, Milch und Gemüse werden von der Küchenverwaltung nach der täglich errechneten Bedarfsmenge bestellt und von den Lieferanten unmittelbar an die Küche abgeliefert. Die Waren werden von Sachverständigen abgenommen, nach Gewicht und Beschaffenheit geprüft und der Verbrauchsstelle in Rechnung gestellt.

6. *Prüfung und* verwaltungstechnische *Verarbeitung der Kostanforderungen.*

Die Abteilungen fordern die Kost durch Kostscheine an, die die Unterschrift des Stationsarztes und der Stationsschwester tragen müssen. Die Chefärzte müssen die Kostverordnungen einmal in der Woche prüfen und unterschreiben. Die Verwaltung prüft die Scheine daraufhin, ob sich die Verordnungen innerhalb der Kostordnung bewegen und ob sie die vorgeschriebenen Unterschriften tragen. Die Gesamtzahl der täglich angeforderten Kostformen muß sich mit der Kopfzahl des Krankenrapportes decken. Entlassungen und Aufnahmen sind von der Abteilung sofort sowie auch täglich vom Aufnahme- und Entlassungsbüro dem Küchenbüro zu melden, damit die Anzahl der Kostformen bis zur nächstfälligen Mahlzeit berichtigt wird und keine Kostforderung für bereits Entlassene ausgeführt wird. Da Meldung der Abteilung und des Aufnahme- und Entlassungsbüros vorliegen, ist die Kontrollmöglichkeit gegeben. Die Verwaltung errechnet die Menge der an die Küche auszugebenden Verpflegungsmittel täglich auf Grund der Verpflegungsstärke und der für die einzelnen Speisen festgesetzten Einheitsmengen. Hierbei berücksichtigt sie den für die Massenherstellung einzelner Speisen bekannten Minderbedarf gegenüber der Errechnung aus der Mengentabelle. Die Küche darf keine Vorräte ansammeln.

Nachverordnungen und Koständerungen bedürfen ebenfalls der genannten Unterschriften.

7. Für die sachgemäße Herstellung der Speisen ist in erster Linie die Küchenleitung verantwortlich. Sie muß Beanstandungen der ihr gelieferten Lebensmittel rechtzeitig vorbringen. Es müssen alle Mittel der Küchentechnik angewandt werden, um die *Krankenkost* sorgfältig zuzubereiten und durch Wechsel in der Herstellungsart die Eintönigkeit der Kost zu bekämpfen. Das Fleisch muß vorwiegend in rascher Garbereitung gegeben werden. Gegen Gefrierfleisch ist nichts einzuwenden, sofern es sachgemäß behandelt wird. Ausgiebige Benutzung der Backküche trägt in wirtschaftlicher Weise zur Abwechslung bei. Die Speisen dürfen nur solange gekocht werden, als es zur Fertigstellung notwendig ist. Langes Warmhalten in den Kochkesseln oder den gänzlich überflüssigen Wärmeschränken ist ein Fehler, der durch richtige Organisation der Ausgabe und des Transportes vermieden werden kann.

Die Speisenzubereitung bewegt sich meist in falschen Bahnen, da durch das Abkochen in viel Wasser, das vielfach noch anfangs fortgegossen wird, der größte Teil der wasserlöslichen Bestandteile (Salze und andere Nährwerte) verlorengeht. Braten, Backen und luftdichtes Dünsten im eigenen Saft ist nicht nur für Fleisch jeder Art, sondern auch für alle Gemüse angebracht, Speisen vom Rost ergeben vielfach die wertvollste Krankenkost. Bei Gemüsen muß besonders auf Durchführung des Dämpfungsverfahrens mit wenig Wasser, im anfangs offenen, dann geschlossenen Topf bestanden werden, weil dadurch außer den Nährwerten noch die Geschmacksstoffe erhalten bleiben. Nur bei Wintergemüse wird sich wegen schlechter Geruchsstoffe kurzes Abbrühen nicht immer vermeiden lassen. Das Kochen im *strömenden* Dampf ist für Kartoffeln bekannt, aber auch gut verwendbar für alle Wurzelgemüse, Bohnen, Erbsen und Blumenkohl.

Ein wichtiges Ziel für jede Verwaltung ist, den Milchverbrauch der Kranken wieder auf die vor dem Kriege übliche Menge zu bringen.

Über alle Fragen der Krankenkost unterrichtet in vollständigster Weise das klassische Werk von *Noorden-Salomon*, Handbuch der Ernährungslehre I, allgemeine Diätetik.

8. *Speisentransport.*

Die Speisen müssen schonend, vor Abkühlung geschützt und so rasch wie möglich den Krankenabteilungen zugeführt werden, um den geringsten Grad der Minderung an Schmackhaftigkeit zu erreichen.

a) Erstes Erfordernis ist die *straffe Organisation des Ausgabebetriebes* in der Küche mit dem Ziel, unter Einsetzung aller Kräfte und unter besonderer Aufsicht das Beladen der Wagen mit möglichst *kurz zuvor* gefüllten Gefäßen zu bewerkstelligen. Eine Beschleunigung der Speisebeförderung durch Prämiensystem hat sich bewährt.

b) *Als Versandgefäße* bewährten sich:

*Für Massenkost* 6 mm starke, auf 5, 10 usw. graduierte Bidongs und 4 mm starke aufeinandergestellte Gefäße aus Aluminium, die durch einen Bügel zusammengehalten werden. Aluminium hält die Wärme gut; Vorwärmen ist notwendig.

*Für Einzelkost* I. und II. Klasse und Einzeldiäten für alle Klassen: Menagen aus Aluminium, aus Nickel oder Heißwasserschüsseln mit Deckel, die zu dreien auf ein Holzbrett gestellt verladen werden.

c) *Für den Versand* selbst kommen in Betracht: Elektro-Kraftfahrzeuge mit gut gefedertem Aufbau, die Hamburg-Düsseldorfer Handwagen.

Die Anzahl der Wagen hängt ab von der Ausgabegeschwindigkeit der Küche und den Weglängen.

d) Die klinischen Gebäude müssen mit einer ausreichenden Zahl von genügend großen Speisenaufzügen mit Klingelanlage versehen sein, die in den Anrichteküchen münden. Eine Speisenbeförderung über Personenaufzüge ist nicht zu empfehlen (Leichentransport, Schmutzwäsche!!!).

9. *Anrichten und Verabfolgung an den einzelnen Kranken.*

Die nicht zu kleine *Anrichteküche* der Krankenabteilung braucht außer Mobiliar und Geschirr usw. jedenfalls:

2 elektrische oder Gaskochstellen;
1 Wärmeschrank für *Geschirr;*
1 zweiteiligen Eisschrank.

Aufgabe ist zunächst das Anrichten, in dem die Schwester unterrichtet sein muß. In ihren Händen liegt es, ob sie die Mühewaltung der Küche mehr oder minder schädigt oder ob sie durch sofortiges geschicktes und auch für das Auge angenehmes Anrichten den Wert der Gerichte erhält oder sogar hebt. Porzellangeschirr ist Aluminiumgeschirr vorzuziehen; Bestecke sollten nur aus guten Legierungen bestehen. Für Messer wird der nicht rostende Stahl empfohlen.

*Die Schwester* muß ferner Kochunterricht gehabt haben, um Kaffee, Tee, Eierspeisen und die für einzelne Kranke auf bestimmten inneren Abteilungen notwendigen Probediäten zubereiten zu können.

Der ärztliche Besuch und das Verbinden darf, von Notfällen abgesehen, nicht in die Essenausgabezeit fallen. Auch Notfälle sollen die Essenausgabe nicht grundsätzlich unterbinden.

*Die Verwaltung* ist verpflichtet, den Lauf der Speisen von der Küche bis zur Ausgabe an den einzelnen Kranken ständig zu verfolgen, am zweckmäßigsten durch eine am Verpflegungswesen unbeteiligte Persönlichkeit.

## VII. Kostordnung.

Für *Gesunde* sind besondere Speisezettel aufzustellen, also getrennt für Ärzte, Schwestern und das übrige Personal. Anlehnung an die Krankenkost ist zulässig.

Die *Krankenkost* ist ein Heilmittel, also muß die Küche alle berechtigten Verordnungen genau so wie die Apotheke erfüllen. Daher ist es unerläßlich, daß ein dazu befähigter Arzt in der Küchenkommission tatkräftig mitarbeitet.

Die *Speisezettel* für Gesunde und Kranke dürfen nicht nach einem mehrwöchigen Schema festgelegt werden. Spitzenleistungen mit nachfolgender Verschlechterung sind verboten. Jeder Wochenspeiseplan stellt die Aufgabe dar, stets neue oder andersartig zubereitete Gerichte unter Berücksichtigung der Jahreszeit zu bringen.

Die Krankenhausverwaltung muß unter ärztlicher Mithilfe eine *Tabelle* aufstellen über Portionsgrößen (normale, vermehrte, verminderte), über Zusammensetzung der Speisen nach Art und Menge der Grundstoffe unter Berücksichtigung des Nährwertes, insbesondere des Eiweißgehaltes. Hierfür ist die Nahrungsmitteltabelle von Schall & Heisler, Leipzig, Verlag von Kabitzsch, von Nutzen.

Die *Ausgabezeiten* der Küche sind bekanntzugeben.

*Mineralwasser* ist nur auf ärztliche Verordnung für Nieren- und Blasenkranke sowie in besonders begründeten Einzelfällen zuzulassen.

*Alkoholische Getränke* gelten als Arznei und dürfen von der Apotheke nur gegen ärztliche Verordnung verabfolgt werden.

Da die ärztlichen Ansichten hinsichtlich der *Diätformen* sich nicht immer decken, muß jede Anstalt ihre Kostordnung *im einzelnen* selbst ausarbeiten. Es läßt sich aber das nachstehende *Gerüst für die Kostordnung* geben, das von dem Grundsatz ausgeht, bestimmte Verbote zu erteilen. Hiermit ist für die weniger strengen Diätformen, die für die Mehrzahl der Kranken völlig genügen, alles Grundsätzliche gesagt.

Die Nahrung besteht aus gewissen Grundstoffen, diese sind:

Eiweiß,
Fette,
Kohlenhydrate,
Mineralsalze,
Vitamine.

Hauptmaterial für Eiweiß liefern:

Fleischwaren, Fische, Eier, auch getrocknete Hülsenfrüchte, Käse.

Hauptvertreter der Fettstoffe sind:

Schmalz, Butter, Talg, Margarine, Öl.

Hauptmaterial für Kohlenhydrate geben:

Zucker, Stärke, Mehle, Teigwaren, Gemüse.

Mineralsalze:

Kochsalz und Salate, junge Gemüse, wegen auch anderer Salze.

Vitamine = Stoffe, die nur in geringen Mengen vorhanden zu sein brauchen, die lebensnotwendig, aber noch unbekannter Art sind. Sie kommen vor:

In allen frischen Früchten und Gemüsen, in der rohen Milch und in der Butter.

Die gewöhnliche Kost dient nur der Erhaltung, in der Jugend dem Wachstum. Die *Krankenkost (Diät)* soll außerdem aber eine Heilkost sein, Schäden vermeiden, Gewichtsverluste wieder einholen, gewisse kranke Organe schonen, vor allem aber auf den Magen-Darmkanal bei seinen mannigfachen besonderen Erkrankungen zugeschnitten sein.

Diese Zwecke erreicht man:

1. Durch Vermeiden gewisser Nahrungsstoffe *(Verbote)*,
2. durch Vermeiden gewisser Zubereitungsweisen,
3. durch Vorschriften über Art und Menge der einzelnen Speisen.

Soweit also ein Heilplan versucht, durch diese Art der Ernährung zu wirken, nennt man ihn einen diätischen.

*Magen-, Darm-, Schonkost*

(Vermeidung von Reiz und Ballast),

bei Reizzuständen des Magen-Darmkanals, Magenkatarrh, Übersäuerung, Geschwüre des Magens und Zwölffingerdarms, Durchfallskrankheiten, Ruhr, Typhus und verwandte ansteckende Krankheiten.

*Für alle* gültige allgemeine
*Verbote:* rohes Obst, Marmeladen, Salate, Kohlarten, scharfe Gewürze, starke alkoholische Getränke.

*Für einzelne* Krankheiten geltende
*Sonderverbote:*

Bei *Magengeschwür:* Bouillon, Spinat, Kompotte, Bohnenkaffee (als Säurewecker).

Bei *Gärungsprozessen des Darms:* die Zucker- und Stärkespeisen, auch Kompotte und die zellulosereichen Gemüse.

Bei *Fäulnisprozessen des Darms:* die eiweißreichen Speisen (Fleisch, Eier, Käse).

*Diät bei Erkrankungen des gesamten Organismus oder einzelner Organe.*

Störungen des ganzen Organismus.

1. *Unterernährung:* Mastkost als Heilmittel.
2. *Fettsucht:* Nahrungsbeschränkung.
3. *Krankheiten aus Vitaminmangel:* Zufuhr frischer Früchte, grüner Gemüse, Milch.

Organerkrankungen.

Diät bei

*Nierenerkrankung:* Verbot von eiweiß- und salzreichen Speisen.

*Bauchspeicheldrüsenerkrankung:* Verbot von fett- und eiweißreichen Speisen.

*Lebererkrankungen, Gallenblasenentzündungen und Gallensteinkrankheit:* Verbot von schweren Fettstoffen (also z. B. in siedendem Fett bereitete Speisen, Mayonnaisen, Remouladensauce), von Obst, Salaten (Magenballast), von Kompott. Butter erlaubt.

*Gicht:* Verbot von purinreichen Stoffen (Leber, Niere, Bries).

*Zuckerkrankheit* (ohne Gefahr der Säurevergiftung): Einschränkung von Zucker, Stärke Brot, Teigwaren, je nach dem Grade der Erkrankung.

An *Formen sind* daher notwendig:

*Form I* als gewöhnliche Vollkost unter Vermeidung ausgesprochen schwerer Speisen.

Ferner als allgemeine in größeren Mengen herzustellende *Diäten:*

*Form IIa* als Schonkost mit Fleisch,
*Form IIb* als Schonkost ohne Fleisch,
*Form III* als Fieberkost.

Mit diesen 3 Formen lassen sich durchaus die *zahlenmäßig meisten Diätforderungen* erfüllen, zumal sie durch kleine Änderungen weitgehend anpassungsfähig sind.

Als weitere ständige Form für Unterernährung, Tuberkulose und andere schwere Krankheiten gilt

die *Mastkost*, bestehend aus Form I mit Nachtisch mittags und abends, sowie $^3/_4$ l Milch.

Als besondere Formen für zahlenmäßig seltenere Erkrankungen bleiben:

*Diabeteskost*,

*vegetarische Kost* sowie

*Sonderkost* für einzelne Kranke, sobald der klinische Direktor sie vorschreibt (z. B. für gänzlich appetitlose Kranke mit chronischen Blutkrankheiten, für Kranke mit Schluckbeschwerden und anderes).

Zu den einzelnen Formen ist eine *Zulagenliste* aufzustellen, die dem Arzt bestimmte Ergänzungen erlaubt mit dem Ziel, den Appetit anzuregen, Brot bestimmter Art zu geben oder eine Kalorienvermehrung auf anderem Wege als durch Erhöhung der Quantität der Form-Speisen zu erreichen.

Die Grundsätze für die genannten Formen und Diäten gelten sowohl für die Kranken III. als auch der I. und II. Klasse.

*Sonderdiäten für Diabetiker.*

| | *Kh-frei* | *Fett-Gemüse-Kost* |
|---|---|---|
| *1. Frühstück:* | 300 ccm Kaffee von 10 g Bohnen oder Tee 1 g, 50—100 g Wurst oder 50 g Käse. | 300 ccm Kaffee von 10 g Bohnen oder Tee 1 g, 500 g Gemüse, 30 g Margarine oder Butter. |
| *2. Frühstück:* | 300 ccm Kaffee von 10 g Bohnen oder Tee 1 g, 600 g Gemüse, 50 g Margarine oder Butter. | 300 ccm Kaffee von 10 g Bohnen oder Tee 1 g, 500 g Gemüse, 30 g Margarine oder Butter. |
| *Mittag:* | 300 ccm Brühe, 500 g Gemüse, 50—100 g Fleisch, 75 g Margarine oder Butter. | 300 ccm Brühe, 500 g Gemüse, 80 g Margarine oder Butter. |
| *Nachmittag:* | 300 ccm Kaffee von 10 g Bohnen od. Tee 1 g, 1 Ei. | wie 2. Frühstück. |
| *Abendbrot:* | 300 ccm Kaffee von 10 g Bohnen oder Tee 1 g, 500 g Gemüse, 50—100 g Fleisch, Wurst od. Käse, 75 g Margarine oder Butter. | wie 2. Frühstück. |
| *Summe:* | 40 g Kaffee oder 4 g Tee, 150—300 g Fleisch, Wurst oder Käse, 200 g Margarine oder Butter, 1 Ei, 1500 g Gemüse. | 40 g Kaffee oder 4 g Tee, 2500 g Gemüse, 200 g Margarine oder Butter oder Speck. |

*Schmidtsche Probekost.*

*1. Frühstück:* Kakao (ohne Milch) von 20 g Kakaopulver, 10 g Zucker, 400 g Wasser, 50 g Weißbrot.

*2. Frühstück:* $^1/_2$ l Haferschleim aus 40 g Hafergrütze, 10 g Margarine, 300 g Wasser.

*Mittag:* 100 g Rindfleisch, 20 g Margarine, leicht gebraten, inwendig roh, 250 g Kartoffelbrei von 190 g zermahlener Kartoffeln und 10 g Butter.

*Nachmittag:* wie 1. Frühstück.

*Abendbrot:* wie 2. Frühstück, 1 Ei.

*Summe:* 40 g Kakaopulver,
20 g Zucker,
100 g Weißbrot,
80 g Hafergrütze,
40 g Margarine,
100 g Fleisch.
1 Ei,
190 g Kartoffeln.

# Aufnahme von Gefangenen in Krankenhäuser.

Aufgestellt im Februar 1926.

I. Die Fürsorge für erkrankte Gefangene (Untersuchungsgefangene wie Strafgefangene) ist in erster Linie Sache der Verwaltung der Strafanstalten. Sie haben für Bereitstellung ausreichender Lazarettabteilungen und Isolierzellen Sorge zu tragen.

II. Wo solche Einrichtungen nicht zur Verfügung stehen, kann die Unterbringung — wirkliche Krankenhauspflegebedürftigkeit vorausgesetzt — im Krankenhaus erfolgen. Es muß aber — Notfälle ausgenommen — rechtzeitige Verständigung durch die Strafvollzugs- bzw. Polizeibehörden gefordert werden. (Um etwaige Verhandlungen wegen Kostenzusicherung, Aufhebung des Haftbefehls noch vorher zu ermöglichen.)

III. Das Krankenhaus hat nur die Krankenversorgung zu leisten. Die sicherheitspolizeiliche Überwachung ist Sache der einschaffenden Stelle. Ihre Durchführung muß in einer solchen Weise gefordert werden, daß der Krankenhausbetrieb keinerlei Störungen erleidet.

IV. Die Krankenhausverwaltung muß ihrerseits jegliche Haftung ablehnen.

V. Die durch die Verpflegung des Gefangenen und der Überwachungsorgane entstehenden Kosten sind dem Krankenhaus durch die einschaffende Stelle zu ersetzen. Wo Unterbringung auf der allgemeinen Abteilung nicht möglich ist, sind auch die durch Benützung eines Einzelzimmers entstehenden Mehrkosten zu decken.

VI. Diese Grundsätze gelten nicht für Gefangene, die zur Entlassung gelangen und der Krankenhausaufnahme bedürfen. Bezüglich dieser Personen verbleibt es bei der allgemeinen Regelung. (Selbstzahler, Kassenpatient oder Hilfsbedürftiger nach den Bestimmungen der RFV.)

# Besucher von Kranken in Krankenanstalten.

Aufgestellt im Juni 1926.

## Vorwort.

Die Krankenanstalten sollen die ihnen anvertrauten Kranken unter Anwendung aller Mittel der modernen Wissenschaft raschestens dem werktätigen Leben wieder zuführen. Zur Förderung der Genesung werden im Rahmen des ärztlich Erlaubten und Möglichen alle Hilfsmittel herangezogen und zugelassen, die geeignet sind, die Lebensfreude der Kranken zu heben und seinen Genesungswillen zu stärken.

Solche Hilfsmittel sind auch Besuche von Angehörigen und lieben Freunden; sie werden daher gern zugelassen, müssen aber in ihrem Ausmaß abhängig gemacht werden von der Größe des Krankenhauses, von dem Umstand, ob vorwiegend Krankensäle oder Einzelzimmer vorhanden sind und von Art und Schwere der Erkrankung. Für das Verhalten der Besucher geben die nachstehenden Richtlinien einen Anhalt.

1. Vornehmste Pflicht jeden Besuchers ist die Rücksicht auf den Gemüts- und Gesundheitszustand des Kranken. Jeder Besucher muß sich möglichst vorher bei dem Arzt oder der Schwester erkundigen, ob sein Besuch auch erlaubt und erwünscht ist. Jeder Besucher hat sich vor dem Betreten der Krankenzimmer bei der diensthabenden Krankenschwester anzumelden.

2. So wohltuend und erfreulich Krankenbesuche im allgemeinen sind, empfiehlt es sich doch, sie hinsichtlich Häufigkeit und Anwesenheitsdauer tunlichst zu beschränken, um dem Kranken stärkere Anstrengungen zu ersparen.

3. Nur zum Schutze der Kranken ist die Zahl der Besuchstage auf 2mal in der Woche (wie etwa Mittwoch und Sonntag) sowie an den gesetzlichen Feiertagen auf nachmittags je 2 Stunden oder 3mal wöchentlich je 1 Stunde, bei Kindern auf je 1 Stunde beschränkt. Unpünktliches Fortgehen stört die Versorgung der Kranken.

Da man auch im gesellschaftlichen Verkehr gewisse Besuchsnormen einzuhalten pflegt, sind auch auf der Abteilung für Privatkranke bestimmte Besuchsstunden vorgesehen, die, je nach dem Einzel- oder Mehrbettenzimmer in Betracht kommen, verschieden sind.

4. Die Rücksicht auf andere Kranke derselben Abteilung oder desselben Zimmers erfordert eine Begrenzung der Zahl der gleichzeitig anwesenden Besucher auf höchstens 2 auf einen Krank n.

5. Da den Besuchern häufig die nötige und erforderliche Einsicht bei Krankenbesuchen fehlt, hat während der Besuchszeit eine erfahrene Schwester Dienst, um gegebenenfalls aufklärend einzugreifen.

Auf Kinderstationen steht diese Schwester auch zur Belehrung der Eltern über wichtige hygienische Verhaltungsmaßregeln bei Säuglingen und Kindern zur Verfügung.

Die Schwester wird auch besonders darauf achten, daß etwa mitgebrachte Spielsachen für das kranke Kind ungefährlich sind.

6. Aus gesundheitlichen Gründen (Ansteckungsgefahr) dürfen Kinder bis zu 14 Jahren kranke Kinder überhaupt nicht besuchen. Im übrigen ist Kindern nur der Besuch ihrer Eltern oder ihrer über 15 Jahre alten Geschwister gestattet. Unzulässig ist jeder Besuch von Kindern bei Tuberkulösen.

7. Die Besuche bei *ansteckenden* Kranken werden nur ganz ausnahmsweise bei Vorliegen eines besonderen Grundes nach Einholung der Erlaubnis des Oberarztes und unter Beachtung besonderer Vorsichtsmaßnahmen (Anziehen von Schutzmänteln, anschließende Desinfektion) gestattet. Auskunft wird jederzeit telephonisch oder an den allgemeinen Besuchsstunden auch persönlich erteilt.

8. Besuche durch Personen, in deren Hausstand ansteckende Krankheiten herrschen, müssen unterbleiben. Es ist zu wenig bekannt, daß auch einfache Erkältungskrankheiten des Besuchers für viele Kranke, insbesondere für Operierte, Säuglinge und kleine Kinder eine große Gefahr bedeuten. Im Schadenfalle können die betreffenden Besucher haftpflichtig gemacht werden.

9. Die Ärzte sind befugt, im öffentlichen Interesse oder im Interesse des Kranken Besuche in einzelnen Räumen oder bei einzelnen Kranken zu verbieten.

Über Besuche außerhalb der allgemeinen Besuchszeit entscheiden die behandelnden Ärzte. In diesen Ausnahmefällen erhält der Besucher vom behandelnden Arzt eine zeitlich begrenzte Zulassungsbescheinigung zur Vorzeigung beim Pförtner.

10. Während der Besuchszeit haben die Kranken sich grundsätzlich in den ihnen zugewiesenen Krankenräumen oder den damit verbundenen Tagesaufenthaltsräumen und nicht auf den Treppen, Gängen oder in sonstigen Anstaltsräumen aufzuhalten. Der Empfang von Besuch am Eingangstor oder an den Umfriedigungen der Anstalt ist ebenso wie die Begleitung nach dem Ausgangstor der Anstalt untersagt. Gegenseitiger Besuch von Kranken in anderen Abteilungen und Sälen ist nur mit ärztlicher Erlaubnis zulässig.

11. Auch die Besucher der Kranken haben sich während ihres Aufenthaltes in der Anstalt in jeder Hinsicht der Hausordnung zu fügen. Insbesondere ist die Ruhe, Reinlichkeit und Ordnung in der Anstalt zu wahren. Es wird gebeten, sich nicht auf die Betten zu setzen. Das Mitbringen von Hunden sowie das Rauchen in Kliniken, poliklinischen Räumen und Krankenabteilungen ist unstatthaft.

Insoweit Vorrichtungen zur Aufbewahrung von Fahrrädern vorhanden sind, dürfen Fahrräder nur unter der Bedingung mitgebracht werden, daß sie an der besonders hierfür bezeichneten Aufbewahrungsstelle, gegebenenfalls gegen Bezahlung der ortsüblichen Gebühr, abgegeben werden. Keinesfalls dürfen Fahrräder in die Krankengebäude mitgenommen werden.

12. Das Mitbringen von Heilmitteln und Getränken aller Art ist verboten. Bei Eßwaren ist zu bedenken, daß auch die Diät vom Arzte verordnet wird und zu den Heilmitteln zählt. Es liegt nicht im Interesse des Kranken, daß der Diätplan in zwar gut gemeinter, aber erfahrungsgemäß oft schädlich wirkender Weise von den Besuchern durchbrochen wird. Es dürfen daher auch anscheinend harmlose Genußmittel, wie z. B. Schokolade, Apfelsinen, den Kranken nur mit ärztlicher Erlaubnis mitgebracht werden.

Liegt Verdacht vor, daß derartige Dinge den Kranken unerlaubt zugetragen, oder daß Anstaltseigentum unbefugt aus der Anstalt entfernt werden soll, so hat der Besucher eine genaue Untersuchung durch das damit beauftragte Personal zu gewärtigen.

13. Der Besuch der Anstaltsküche, sonstiger Betriebsräume oder einer etwa vorhandenen Kantine ist sowohl den Besuchern wie den Kranken untersagt. Die Teeküche der Abteilung darf von Besuchern

weder zum Kochen noch zum Aufenthalt in Anspruch genommen werden.

14. Wünsche, Beschwerden oder sonstige Mitteilungen der Besucher sind der diensthabenden Schwester oder in dringenden Fällen dem Abteilungsarzt oder der Krankenhausverwaltung vorzubringen.

### Anweisung für das Personal.

1. Das Verhalten des Personals den Besuchern gegenüber muß stets sachlich, ruhig und höflich sein.

2. An Besuchstagen soll für ausreichende Sitzgelegenheit Sorge getragen werden, um die unstatthafte Mitbenutzung der Betten zu verhindern.

3. Bei in Zwangsheilung befindlichen geschlechtskranken Personen ist darauf zu achten, daß Besuche nur entsprechend den bestehenden polizeilichen Bestimmungen und mit ärztlicher Erlaubnis gestattet sind.

# Dienst- und Anstellungsverhältnisse von nicht im Mutterhaus-Verhältnis stehenden Schwestern in den Krankenanstalten.

Aufgestellt im Juni 1926.

## I. Vorbemerkung.

Der Gutachterausschuß ist bei Aufstellung der „Richtlinien" auf dauernde Sicherung der Versorgung der Krankenhäuser mit geeigneten Schwestern in ausreichender Zahl bedacht gewesen und hat daher alle für den einziggearteten, durch dienende Nächstenliebe bestimmten Schwesternberuf bedeutungsvollen wirtschaftlichen, sozialen und ethischen Fragen in den Kreis der Erörterungen gezogen und sie mit den Belangen der Krankenhäuser in Einklang zu bringen gesucht.

## II. Allgemeine Einteilung der Schwestern.

Für die Tätigkeit in den Krankenanstalten kommen in Frage:

a) Schwestern von Mutterhäusern, bei denen die gesamten Verhältnisse der Schwester unmittelbar und ausschließlich zwischen dem Mutterhaus und dem Krankenhaus vereinbart werden.

b) Schwestern im behördlichen Anstellungsverhältnis (weiterhin Verwaltungsschwestern genannt),

c) Schwestern im behördlichen Beamtenverhältnis,

d) freie Schwestern — unter diesen auch Schwestern von sog. Schwesternvermittlungsstellen.

e) Schwestern, deren Dienst- und Anstellungsverhältnisse durch einen Tarifvertrag bestimmt werden.

Da die Verhältnisse der Mutterhausschwestern in vieler Beziehung von denen der übrigen Schwestern wesentlich abweichen und auch noch nicht so weit geklärt sind, daß Richtlinien hierfür aufgestellt werden können, scheiden sie vorliegend zunächst aus.

Beschäftigung von Schwestern auf Grund eines Tarifvertrages sowie Überführung von Schwestern in das Beamtenverhältnis ist nicht zu empfehlen.

Demgemäß werden in den vorliegenden Richtlinien nur die Dienst- und Anstellungsverhältnisse der Schwestern zu b) und d) behandelt.

## III. Vertragsform.

Grundsätzlich sollen die Dienst- und Anstellungsverhältnisse der Schwestern schriftlich geregelt sein, bei freien Schwestern durch Privatdienstvertrag mit den einzelnen Schwestern (bei Schwestern von Schwesternvermittlungsstellen außerdem noch mit dieser Stelle), während bei den Verwaltungsschwestern die für die Angestellten der betreffenden Verwaltung übliche Form in Frage kommt.

## IV. Den Schwestern zu gewährende Leistungen im allgemeinen.

Die Bar- und Naturalbezüge sollen so bemessen sein, daß sie den Schwestern nicht nur die Ausübung ihres Berufes in bestmöglicher Gesundheit und frei von wirtschaftlichen Sorgen, sondern auch eine möglichst lange Arbeitsfähigkeit sichern. Daneben sollen weitestgehend Vorkehrungen getroffen werden für eine Versorgung der Schwestern in Krankheitsfällen sowie ganz besonders für eine auskömmliche Lebenshaltung im Fall der Dienstunfähigkeit und im Alter.

## V. Barbezüge.

Allen Schwestern sollen bei Berücksichtigung der jeweiligen örtlichen Verhältnisse angemessene Barbezüge gewährt werden. In gleichartiger Tätigkeit erworbene Dienstjahre sollen auf diese Barbezüge entgegenkommend, mindestens nach den besoldungsrechtlichen Grundsätzen angerechnet werden.

Auch Lernschwestern sollen eine Barvergütung erhalten. Die Bezüge der Oberinnen oder Oberschwestern sollen aus den Bezügen der übrigen Schwestern herausgehoben werden.

Die Barbezüge der Schwestern sollen allgemeinen Besoldungs- und Vergütungsänderungen angepaßt bleiben.

Die Bezahlung erfolgt durchweg an die Stelle, mit der der Anstellungsvertrag abgeschlossen ist.

## VI. Beköstigung.

Neben den Barbezügen ist den Schwestern ohne Kostenberechnung eine gute und ausreichende Beköstigung zu gewähren. Sie soll der Eigenart des Schwesternberufes angepaßt sein und auch die für die Tätigkeit einzelner Schwestern gebotenen Kostzulagen enthalten.

## VII. Wohnung.

Den Schwestern ist eine angemessene Wohnung zu gewähren. Ältere Schwestern sollen ein Zimmer für sich allein erhalten, jüngere geprüfte Schwestern sollen gleichfalls möglichst Einzelzimmer erhalten, höchstens in Zweibettenzimmern wohnen; Lernschwestern können in Zimmern von 2–4 Betten untergebracht werden. Für Oberinnen und Oberschwestern in leitender Stellung sind zwei Zimmer bereitzustellen.

Die Unterbringung der Schwestern soll tunlichst abgelegen von den Krankenabteilungen erfolgen.

## VIII. Kleidung.

Die Schwestern haben ihre Kleidung selbst zu stellen, wofür ihnen ein Kleidergeld von 6 RM monatlich zu zahlen ist.

Bei allen Schwestern übernimmt das Krankenhaus die unentgeltliche Reinigung der im Beruf benutzten Wäsche und Bekleidung.

Schutzkleidung ist ohne Kostenberechnung zu gewähren.

## IX. Ausbildung.

Alle in der verantwortlichen Krankenpflege tätigen Schwestern sollen grundsätzlich nach einer angemessenen Bewährungsfrist, frühestens nach Vollendung des 20. Lebensjahres, eine planmäßige mindestens zweijährige Ausbildung in der Krankenpflege und der Hauswirtschaft erhalten. Die Ausbildung soll durch eine Prüfung abgeschlossen werden, die nach staatlichen Grundsätzen vor Behörden stattzufinden hat. Die Ausdehnung der Ausbildungszeit auf 3 Jahre ist anzustreben.

## X. Urlaub.

Jeder Lernschwester soll ein Urlaub von 3–4 Wochen, jeder geprüften Schwester grundsätzlich ein Urlaub von 4 Wochen, Schwestern mit über 12 Dienstjahren, Oberinnen, Oberschwestern und Schwestern mit besonders anstrengender und gesundheitsschädlicher Tätigkeit ein solcher von 5–6 Wochen zugebilligt werden, und zwar unter Weitergewährung der Bezüge.

Für nicht gewährte Sachbezüge ist ein Urlaubsgeld in Höhe der Barvergütung zu gewähren.

## XI. Fürsorge.

a) Für *Krankheit:* Krankenhauspflege soll das Krankenhaus bis zur Dauer von 26 Wochen übernehmen; ist Verpflegung in einem anderen Krankenhaus erforderlich, so sollen die Kosten dieser Verpflegung mit dem gleichen Aufwand, den das Krankenhaus selbst zur Verpflegung kranker Schwestern leistet, von diesem übernommen werden.

Soweit Krankenversicherungspflicht besteht, soll das Krankenhaus die Beiträge übernehmen, dafür aber auch alle Leistungen der Krankenkassen für sich einziehen.

b) Für *Unfall und Haftpflicht:* Die Schwestern sollen durch das Krankenhaus gegen Unfallschäden und Haftpflicht versichert werden.

c) Für *Dienstunfähigkeit:* Von den gesetzlichen Versicherungsmöglichkeiten ist Gebrauch zu machen; ihre Kosten sind vom Kranken haus zu tragen, das sie auch durch eine angemessene zusätzliche Versicherung (Schwestern-Pensionskasse) zu Leistungen ergänzen soll, die der dienstunfähigen Schwester eine auskömmliche Lebenshaltung sichern.

d) Für *Alter:* wie zu c).

### XII. Verwendung von Schwestern außerhalb der Krankenpflege.

Die Verwendung von entsprechend auszubildenden Schwestern im Wirtschaftsbetrieb, als technische und Röntgenassistentinnen, im sozialen Krankendienst und in der Aufnahme bietet Vorteile und ist anzustreben.

### XIII. Eingliederung der Schwestern in die Verwaltung.

Völlige Eingliederung in die Verwaltung des Krankenhauses und Unterstellung unter die ärztliche Leitung muß gesichert sein. Zur Mitwirkung der Schwesternschaft bei der Behandlung aller für sie belangreichen Angelegenheiten empfiehlt sich die Bildung eines der Oberin beizuordnenden Schwesternbeirates.

# Schutz-, Dienst- und Arbeitskleidung für das Krankenhauspersonal.

Aufgestellt im Oktober 1926.

### I. Allgemeines.

1. *Zweck:*

a) Die *Schutz*kleidung hat den Zweck, das Krankenhauspersonal vor Beschmutzung und Ansteckung zu schützen sowie die Keimfreiheit (Sterilität) bei ärztlichen, besonders operativen Eingriffen zu gewährleisten.

Es ist also notwendig, die bürgerliche Kleidung, Dienstkleidung oder Unterkleidung und den Körper durch Schutzkleidung vollständig abzudecken und ungekleidete Körperteile (Hals, Arme) genügend abzuschließen.

Als *Schutz*kleidung hat hiernach jede Bekleidung zu gelten, die den notwendigen Schutz des Personls und der Umgebung vor gesundheitlichen Gefahren und ungewöhnlicher Beschmutzung gewähren soll (vgl. Ziff. II A und B, III 1—5, 7, 8b, 9b—e, IV und V nachstehend).

b) *Dienst*kleidung. Die besonderen Verhältnisse und der Betrieb des Krankenhauses machen einheitliche *Dienst*kleidung erwünscht, soweit durch gleichgeartete Schutzkleidung die Einheitlichkeit nicht schon gewährleistet ist. Hieraus ergibt sich die Notwendigkeit, die Bekleidungsstücke für die verschiedenen Gruppen der Beschäftigten sowohl nach Farbe als auch nach Stoff und Machart möglichst einheitlich zu gestalten, von den Anstaltsverwaltungen selbst anfertigen zu lassen und den Beschäftigten zur Verfügung zu stellen.

c) Für die Vorhaltung von *Arbeits*kleidung, soweit sie nicht als Schutz- oder Dienstkleidung zu gelten hat (z. B. für Heizer, Handwerker = III, 8a, 9a), liegen zwingende Gründe nicht vor. Es darf daher der freien Entschließung der Anstalten überlassen bleiben, ob und in welchem Umfange dem Personal Arbeitskleidung zur Verfügung gestellt wird.

2. *Beschaffenheit der Bekleidung:*

Im Hinblick auf die starke Inanspruchnahme und die durch den notwendigen häufigen Wechsel bedingte Reinigung (Waschen in maschinellen Betrieben) sollen zur Herstellung der Bekleidungsstücke nur *beste Stoffe* verwendet werden. Aus den gleichen Gründen ist die Beschaffung und Bereithaltung einer ausreichenden *Stückzahl* an Kleidungsstücken notwendig.

Bei der Auswahl der Stoffe ist weiter zu berücksichtigen, daß sie gut wasch- bzw. sterilisierbar, jedoch auch bis zu gewissem Grade durchlässig sind (Transpiration). Für besondere Zwecke ist völlige Undurchlässigkeit Voraussetzung (Gummibekleidungsstücke).

Die *Normung* bzw. einheitliche Verwendung erprobter Stoffarten zur Herstellung von Schutz- und Dienstkleidung erscheint wünschenswert.

Zur Vermeidung von Verwechslungen ist es zweckmäßig, bei gleich- oder ähnlichgearteter Schutz- oder Dienstkleidung jede Gruppe der Beschäftigten durch geeignete *Unterscheidungszeichen* kenntlich zu machen.

3. *Eigentumsverhältnisse:*

Ob und inwieweit Schutz-, Dienst- und Arbeitskleidung grundsätzlich Eigentum der Anstalten bleibt oder dem Personal als Eigentum überlassen wird, muß örtlicher Regelung vorbehalten bleiben.

Die Überführung der Kleidung in das Eigentum des Personals sollte erst nach Zurücklegung bestimmter Beschäftigungszeiten erfolgen, die im Verhältnis zur Benutzungsdauer der einzelnen Bekleidungsstücke festzusetzen sind.

*Schutz*kleidung sollte *unentgeltlich* vorgehalten werden.

Für die Vorhaltung der *Dienst-* und *Arbeits*kleidung, die nicht als Schutzkleidung (vgl. I, 1a oben) gilt, ist dem Personal eine angemessene Entschädigung, je nach dem Umfang der zur Verfügung gestellten Bekleidung, an den Bezügen zu kürzen. Die Anrechnung einer Entschädigung entspricht der Billigkeit, da das Personal infolge Benutzung der Dienst- und Arbeitskleidung Aufwendungen für eigene Kleidung erspart.

4. *Tragzeiten:*

Die Trag- bzw. Benutzungsdauer der einzelnen Bekleidungsstücke allgemein festzulegen, ist nicht angängig, da die Abnutzung der Kleidung je nach den örtlichen Verhältnissen und den Anforderungen der einzelnen Betriebszweige verschieden ist.

Für gewisse Bekleidungssücke (Uniformen für Pförtner, Kraftwagenführer, Boten, Nachtwächter) empfiehlt es sich, die Entschädigungen nach bestimmten, im Einzelfall festzustellenden Tragzeiten wegfallen zu lassen. Darin liegt ein Anreiz für das Personal, die Kleidungsstücke zu schonen.

*Als geeignete Kleidungsstücke werden die nachstehenden empfohlen:*

## II. Medizinisches Personal

(mit Unterscheidungszeichen für die einzelnen Gruppen).

### A. Allgemeine Krankenräume.

1. *Ärzte:*

Mäntel aus gebleichtem kräftigen Köper, Schluß hinten, am besten mit Gürtel. Wenn Schluß vorn, mit auswechselbaren weißen Knöpfen und hinterem, 5 cm breitem, knöpfbarem Riegel. — Vorn 3 bis 4 Taschen. — Ärmel halblang oder ganzlang, letzterenfalls Ärmelschluß knöpfbar. — Schuhe: Gummiabsätze, möglichst Gummisohlen.

2. *Schwestern:*

Dienstkleidung nach den entsprechenden Vorschriften, soweit gesetzlich geschützt.

Schutzkleidung: Überkleider oder Kleiderschürzen aus kräftigem weißen Baumwoll- oder Halbleinenstoff. Schluß hinten. Dienst- und Unterkleidung muß verdeckt, Schuhe dürfen nicht berührt werden. Ärmel entweder lang, unten geschlossen und hochknöpfbar oder offen, bis eben unter den Ellenbogen. Knöpfbarer Gürtel. — Strümpfe möglichst einheitlich. — Schuhe mit Gummiabsätzen. — Hauben, soweit nicht gesetzlich geschützt, aus weißem Stoff, fest, schmal, Haare zusammenhaltend.

3. *Pflegepersonal:*

a) *Pfleger:* Mäntel aus weiß getöntem Köper oder Drell, Schluß hinten, mit auswechselbaren Knöpfen. Ärmel lang, guter Schluß. — Schuhe mit Gummiabsätzen.

b) *Pflegerinnen;* Überkleider aus weiß getöntem Köper oder Drell, Schluß hinten. Lange, hochknöpfbare Ärmel. — Schuhe mit Gummiabsätzen.

4. *Hauspersonal:*

a) *Männliches:* Mantel aus gelb getöntem Köper oder Drell, mit wechselbaren Metallknöpfen, Ärmel lang. Oder Jacken und Beinkleider aus Leinendrell, dazu Arbeitsschürzen aus weißem Leinen oder Halbleinen. — Schuhe mit Gummiabsätzen.

b) *Weibliches:* Schürzenartige Überkleider aus weißem oder hellblauem, weiß gestreiftem waschbaren Stoff. Ärmel aufknöpfbar oder halblang. — Schuhe mit Gummiabsätzen.

### B. Besondere Räume.

1. *Operationssaal* (nur für unmittelbar an der Operation Beteiligte):

Gummihängeschürzen (hinten gebunden). — Mäntel aus kräftigem weißen Baumwollstoff. Schluß hinten, Gürtel, dazu eine Tasche,

Ärmel kurz. — Hosen aus kräftigem weißen Baumwollstoff (Köper). — Kopfkappen aus weißem Stoff. — Gesichtsmasken oder Mundtücher aus Gazestoff. — Handschuhe aus Gummi, Seide, Zwirn. — Schuhe: Über sonstigem Schuhwerk wechselbare weiße Gummischuhe. (NB.: Vielfach Ärmel lang und unten geschlossen gewünscht, so daß Handschuhe über Ärmel hinaufgezogen, also Arme und Hände vollständig bedeckt werden.)

Für die *Schwestern* Mäntel aus weißem Baumwollstoff, weiße Strümpfe, weiße Schuhe.

2. *Infektionsabteilung:*

Überkleider wie unter a), aber mit festem Ärmelschluß. — Für das dauernd in Infektionsabteilungen tätige Personal vollständige weiße Überkleidung aus kräftigem Baumwollstoff erwünscht. — Unterscheidungszeichen! — Schuhe: Schuhwechsel möglichst empfohlen.

3. *Laboratorien:*

a) Allgemeine: Mäntel für Ärzte wie unter II, A 1. — Überkleider für Laborantinnen wie unter II, A 2. — Mäntel für Wärter wie unter II, A 4a.

b) Bakteriologische: Wie unter II, B 2.

c) Röntgen- und Radiumräume: siehe besondere Richtlinien.

4. *Desinfektionsanstalt:*

Wie unter II, B 2, aber mit völliger Bedeckung des Körpers für die reine Seite. — Für die unreine Seite aus kräftigem Baumwollstoff oder Anzug (Machart wie Motorradfahreranzug: Jacke und Beinkleid aneinander gearbeitet. Kapuze, Ärmel und Hosenbeine zum Zubinden. Dazu derbe Gummi- oder Lederhandschuhe und hohe Leder- oder Gummistiefel). (NB.: Die entsprechenden Bestimmungen des Reichsseuchengesetzes sind zu beachten.)

## III. Betriebspersonal.

1. *Köche:*

Kochmützen aus kräftigem Halbleinen, kleine Form. — Jacken weiß, aus kräftigem Köper, zweireihig mit weißen Durchsteckknöpfen. — Hosen aus gezwirntem waschbaren Stoff. — Vorbindeschürzen weiß, aus Leinen oder Halbleinen.

2. *Köchinnen:*

Kittelschürzen mit kurzen Ärmeln, weiß, aus Leinen oder Halbleinen. — Vorbindeschürzen weiß, aus kräftigem Halbleinen. — Weiße Hauben, die gesamten Haare verdeckend.

3. *Küchenmädchen:*

Weiße Hauben wie zu 2. — Anstatt der Kleider (Röcke und Blusen) ist zweckmäßig: Schürzenartige Überkleider mit Rückenschluß, kurzen Ärmeln, knöpfbarer Gürtel zum Zusammenhalten, aus kräftigem, gut waschbarem blauen Stoff mit weißen Tupfen oder weißen Längsstreifen. — Weiße Überkleider (außer für Schmutzarbeiten) erwünscht. (Kleider erfordern zuviel Ausbesserungsarbeit und bei Personalwechsel viel Umänderungen.) — Vorbindeschürzen (Latzschürzen): a) aus kräftigem weißen Halbleinen, Leinen oder starkem ungebleichten Nesselstoff für den Dienst am Herd, an den Kochkesseln, Kalte Küche, Diätküche und an der Ausgabe; b) aus blauem Stoff für schmutzige Arbeiten, z. B. im Kartoffel- und Gemüseputzraum, Aufwaschraum. — Holzpantoffel mit Lederbesatz.

4. *Wäscher:*

Jacken (einreihig) und Hosen aus grauem Drell. — Vorbindeschürzen aus kräftigem weißen oder grauen Stoff. — Holzpantoffel mit Lederbesatz.

5. *Wäscherinnen:*

Überkleider wie Küchenmädchen (III, 3), aus kräftigem ungebleichtem Nesselstoff. — Vorbindeschürzen aus kräftigem weißen oder grauen Stoff. — Holzpantoffel mit Lederbesatz.

6. *Pförtner, Nachtwächter und Boten:*

Joppen mit hochgeschlossenen Umlegekragen aus kräftigem farbigen Tuch (grün oder blau) und mit blanken Knöpfen. Für Winter: Mütze aus gleichem Tuch. Für Sommermonate: Joppe aus gelbgetöntem kräftigen Köper mit blanken Knöpfen.

7. *Leichenwärter:*

Waschbare Joppen und Hosen (aus ungebleichtem Köper oder Drell).

8. *Heizer:*

a) Anzüge (Jacken und Hosen) aus kräftigem blauen Drell. — b) Für Kesselreinigungsarbeiten: Kesselanzüge in einem Stück gearbeitet, mit Kapuze, vorn zuknöpfbar, Ärmel und Beinkleider zum Zubinden.

9. *Handwerker:*

a) Anzüge (Jacken und Hosen) aus kräftigem blauen Drell. — b) Überanzüge bei besonders schmutzigen Arbeiten (Abwasserschächten usw.). — c) Für Arbeiten in den Infektionsabteilungen: Schutzmantel aus grauem Drell mit langen Ärmeln, vorn zum Zuknöpfen (zweireihig). — d) Für Arbeiten im Akkumulatorenbetrieb: Säureanzüge aus gutem dunklen Loden. — e) Für Arbeiten am Ammoniakkompressor (Eismaschine) Gasmasken.

## IV. Bureaupersonal.

Weiße Mäntel für dasjenige Personal, welches mit Kranken dienstlich verkehrt (für männliches Personal Mäntel wie II, A 1, für weibliches Personal Überkleid wie II, A 2, mit Unterscheidungszeichen).

## V. Anstaltsgeistliche.

Schwarze Schutzmäntel für den Dienst auf den Krankenabteilungen, mit dem notwendigen Wechsel auf Infektionsabteilungen.

# Berufs- und Gesundheitsschutz der technischen Röntgenassistentinnen.

Aufgestellt im Juni 1926.

## Vorbemerkung.

Als Technische Röntgenassistentinnen dürfen nur solche Arbeitskräfte eingestellt werden, die einen staatlichen oder gleichwertigen Fachbefähigungsnachweis besitzen.

## I. Arbeitszeit.

a) Die tägliche Arbeitszeit einer *hauptamtlichen*, im Röntgenbetrieb beschäftigten Technischen Röntgenassistentin sollte im allgemeinen 8 Stunden betragen.

b) Der Sonntag oder ein Wochentag muß dienstfrei sein.

## II. Urlaub.

Die Technische Röntgenassistentin hat vom 1. Dienstjahr an unabhängig von ihrem Lebensalter Anspruch auf einen jährlichen Urlaub von mindestens 4 Wochen, vom 6. Dienstjahre an auf 5 und vom 11. Dienstjahre an auf 6 Wochen jährlichen Urlaub. Das volle Gehalt ist während des Urlaubes weiter zu gewähren.

## III. Ärztliche Fürsorge.

a) Eine ärztliche Feststellung des Gesundheitszustandes mit eingehendem Blutbefund muß der Anstellung einer Technischen Röntgenassistentin vorausgehen und muß ferner regelmäßig alle 4 Monate vorgenommen werden. Insbesondere empfiehlt sich diese Gesamtuntersuchung vor und nach Antritt des Urlaubes, um die Erholungsreaktion festzustellen.

b) Bei Abweichungen vom Normalzustand kann nach ärztlichem Urteil eine sofortige Dienstaussetzung notwendig werden. Dies darf nie ein Grund zu sofortiger Entlassung sein.

## IV. Arbeitsräume.

a) Kellerräume sind im allgemeinen für Röntgen- und Dunkelzimmer als ungeeignet anzusehen.

b) Jeder Raum, der als Röntgenzimmer dient, sollte trocken, gut lüftbar und möglichst geräumig sein.

c) Künstliche Lüftung ist in Räumen, in denen therapeutische Bestrahlungen oder viele Durchleuchtungen hintereinander vorgenommen werden, dringend erwünscht.

d) Dunkelkammern sollten so eingerichtet sein, daß bei Nichtgebrauch Licht und frische Luft Eintritt haben.

### V. Röntgenschutz.

Die Schutzvorrichtungen sind dem jeweiligen Stand der Technik und Wissenschaft anzupassen und müssen insbesondere den von der Deutschen Röntgengesellschaft (1926) für den Internationalen Radiologischen Kongreß in Stockholm (1927) ausgearbeiteten und gutgeheißenen Bestimmungen[1] genügen. Die Durchführung dieser Schutzmaßnahmen sollte durch einen Röntgensachverständigen überwacht werden. Für den Fall, daß Meinungsverschiedenheiten darüber bestehen, ob die Schutzvorrichtungen den Bestimmungen entsprechen, sollte ein röntgenfachärztliches Gutachten eingeholt werden.

### Schlußbemerkung.

Ein staatlicher Befähigungsnachweis für den Beruf der Technischen Röntgenassistentin ist notwendig. Für die Ausbildung wird die Errichtung besonderer Fachschulen an geeigneten Krankenhäusern empfohlen. Die Prüfungsvorschriften des Preußischen Ministers für Volkswohlfahrt vom 26. August 1921 schreiben für die Technischen Röntgenassistentinnen außer der Ausbildung in Chemie, Physik, Anatomie, Physiologie und Biologie auch die mikroskopische Technik, die Parasitologie und Serologie, die klinische Chemie und Mikroskopie als Hauptfächer vor.

Die letztere, mit dem Röntgenwesen nicht in unmittelbarem Zusammenhang stehende laboratoriumstechnische Ausbildung, wird für hauptamtliche Röntgenassistentinnen nicht für notwendig erachtet. Wichtiger wäre für die Technische Röntgenassistentin wegen ihrer Betätigung an oft hilfsbedürftigen Kranken die Ablegung der staatlichen Krankenpflegeprüfung mit daran anschließender 2—3jähriger Röntgenausbildungszeit in einem größeren Krankenhaus (Röntgenschwester).

# Verbesserungen im Versicherungswesen für Krankenanstalten.

Aufgestellt im März 1927.

### I. Zur Krankenversicherung.

Die Grenze der Zwangskrankenversicherung ist bei dem gegenwärtigen Gehalts- und Lohnniveau in einer Höhe von 2700.— RM angemessen. Eine weitere Heraufsetzung ist unter den gegenwärtigen Verhältnissen zu vermeiden. Dagegen ist zu § 172 Ziff. 4 anzustreben, daß dieser Personenkreis völlig in die Krankenversicherungspflicht, mit Rücksicht auf die soziale Hilfsbedürftigkeit dieser Personen, einbezogen wird.

---

[1] 1. Glocker, Internationale Strahlenschutzbestimmungen. Strahlentherapie Bd. 22. 1926.

## II. Zur Unfallversicherung.

Es ist anzustreben:

1. daß Krankenhäuser, Heil- und Pflegeanstalten, Kliniken in den § 537 RVO. aufgenommen und unter einer neuen Nummer (Nr. 12) aufgeführt werden;

2. den Kreis der Berufskrankheiten nach § 547 RVO. in Verbindung mit der VO. vom 12. Mai 1925 dahin zu erweitern, daß Hausinfektion und andere Berufskrankheiten, die durch Dienstleistungen in Krankenanstalten nachweisbar erworben werden (z. B. Tuberkulose, Syphilis, andere übertragbare Krankheiten, Röntgenschäden), aufgenommen werden;

3. § 544 RVO. so zu ergänzen, daß in einer besonderen Nummer aufgezählt wird „das gesamte in den Krankenanstalten, Heil- und Pflegeanstalten, Kliniken tätige Personal einschl. der Ärzte".

In allen Fällen zu 1—3 ist der Standpunkt zu wahren, daß Krankenhäuser keine gewerblichen Betriebe sind.

4. die Gründung einer eigenen „Berufsgenossenschaft für Kranken-, Heil- und Pflegeanstalten und ähnlicher Betriebe".

Solange dieses Ziel nicht erreicht werden kann, sind hinsichtlich der Versicherung gegen Haftung des Trägers der Krankenanstalten bei Unfällen des Personals im Betriebe folgende Vorschläge angebracht:

a) Unterstellung unter ein Beamtenunfallfürsorgegesetz oder Ruhelohnordnung.

Für den Fall, daß das nicht möglich wäre:

b) Für kleinere Betriebe Abschluß einer Unfallversicherung,

c) für größere Betriebe Übernahme des Risikos, evtl. vertragliche Zusicherung an das Personal, für Unfälle einzustehen.

## III. Zur Invaliden- und Hinterbliebenenversicherung.

Sind keine Anträge nötig.

## IV. Zur Angestelltenversicherung.

Eine Erweiterung der Vorschriften zur Angestelltenversicherung erscheint nicht geboten.

## V. Zur Erwerbslosenversicherung.

Es ist der Standpunkt zu vertreten, daß Haus- und Küchenmädchen und Schwestern befreit werden, weil sie zu der häuslichen Gemeinschaft des Arbeitgebers gehören.

## VI. Zur Haftpflichtversicherung.

In größeren und größten Anstalten erscheint der Abschluß von Haftpflichtversicherungen nicht angebracht, weil die Prämien erfahrungsgemäß in keinem Verhältnis stehen zu den tatsächlich erwachsenen Unkosten, die durch Schadensfälle verursacht werden. Für kleinere Anstalten scheint es aber empfehlenswert, Haftpflichtversicherungsverträge abzuschließen. Dabei muß dahingestellt bleiben, ob die Versicherung als Fremdversicherung oder als Eigenversicherung abgeschlossen werden soll. Hierfür sind die örtlichen Verhältnisse maßgebend.

### VII. Zur Sachversicherung.

Zu empfehlen ist der Abschluß von:

1. Immobiliar- und Mobiliar-Feuerversicherung,
2. Diebstahl- und Einbruchsversicherung für das gesamte Inventar,
3. Versicherung (Feuer und Diebstahl) der vom Personal eingebrachten Kleidungs- und anderen Gegenstände,
4. Kraftwagenversicherung,
5. Viehversicherung,
6. Glas- und Wasserschädenversicherung,
7. Hagelversicherung,
8. Wertgegenständeversicherung.

Dabei muß die Frage offen bleiben, ob die Versicherungen abgeschlossen werden im Wege der Selbst- oder der Fremdversicherung, da hierfür allein die örtlichen Verhältnisse ausschlaggebend sind.

# Fürsorgedienst im Krankenhaus.

Aufgestellt im Juni 1926.

### A. Vorbemerkung.

Unter der *Bezeichnung* „Fürsorgedienst im Krankenhaus" wird eine Reihe von Maßnahmen zusammengefaßt, die den erfolgreichen ärztlichen und pflegerischen Dienst am Kranken vorbereiten, begleiten und fortsetzen.

Das *Ziel* dieser Maßnahmen ist Erhöhung des individuellen Wohlbefindens, Unterstützung und Ergänzung der Heilbehandlung, Förderung der sozialen Brauchbarkeit des Einzelnen und Verallgemeinerung der sozialen Vorbeugung.

Die *Notwendigkeit* einer planmäßigen Ausgestaltung des Fürsorgedienstes im Krankenhaus ergibt sich hauptsächlich aus 3 Gesichtspunkten:

1. Der in einer Krankenanstalt befindliche *Kranke* bekommt leicht ein Gefühl der Unpersönlichkeit in der Behandlung, wenn Fragen, die über das Arbeitsgebiet von Arzt und Pflegepersonal hinausgehen, nicht die gebührende Berücksichtigung finden. Die Trennung von dem Leben draußen erhöht in ihm das Gefühl der Hilflosigkeit. Die Sorge um seine eigene Zukunft und um das Schicksal seiner Angehörigen bedrückt ihn und verzögert die Wiederherstellung; die Unkenntnis vorhandener Wohlfahrtseinrichtungen und anderer sozialer Hilfsmittel beraubt ihn auch gesundheitlich wertvoller Möglichkeiten.

2. Der *Krankenhausarzt* bedarf objektiver Angaben über die häusliche, wirtschaftliche, berufliche Vorgeschichte des Kranken, ohne die

er nicht selten bei der Feststellung der Diagnose behindert und in der Behandlung beschränkt ist, während er bei Berücksichtigung des sozialen Momentes oft kausal wirken und auch auf die sozialen Folgen einer Erkrankung durch frühzeitige Inanspruchnahme aller in Betracht kommenden Möglichkeiten zum Nutzen des Kranken und der Allgemeinheit stärkeren Einfluß gewinnen könnte.

3. Der *Anstaltsbetrieb* kann durch die im Fürsorgedienst gegebene Vervollkommnung der Heilbehandlung wirtschaftlicher gestaltet werden, was sich vornehmlich in Verkürzung der durchschnittlichen Aufenthaltsdauer und Vermeidung unnötiger Aufnahmen ausdrücken wird. Die offene Fürsorge muß Gelegenheit erhalten, im unmittelbaren Anschluß an den Anstaltsaufenthalt rechtzeitig und durchgreifend einzutreten, sie wird dadurch produktiver und wirkt sparend. Die Ergebnisse der individuellen Krankenbehandlung müssen möglichst lückenlos der sozialen Vorbeugung nutzbar gemacht werden, um der Verwahrlosung des Kranken und seiner Angehörigen auf gesundheitlichem, wirtschaftlichem oder erzieherischem Gebiete entgegenzuarbeiten.

Diese Gesichtspunkte gelten in gleichem Maße für Krankenanstalten aller Art und jeder Größenordnung.

## B. Aufgabenbereich.

### I. Fürsorgedienst am Kranken als Person.

a) *Geistliche Fürsorge.*

Die Seelsorge gibt dem Kranken nicht nur geistige und sittliche Inhalte, sondern beeinflußt auch den Krankheitsverlauf durch Befreiung von Hemmungen, Stärkung der Geduld, Förderung des Willens zur Krankheitsüberwindung und die damit gegebene Beeinflussung der Gesamtpersönlichkeit. Sie unterstützt also die ärztliche und pflegerische Tätigkeit in wertvoller Weise und soll im Einvernehmen mit dem Arzt jedem Kranken auf Wunsch zur Verfügung stehen.

b) *Weltliche Fürsorge.*

1. Die *Lebensbedingungen* des Kranken, die auf Krankheitsanlage, Krankheitserregung und Krankheitsverlauf Einfluß haben könnten, sind *unmittelbar nach der Anstaltsaufnahme* durch Verbindung mit den zuständigen Stellen (Gesundheits-, Wohlfahrts-, Jugendamt, Fachfürsorgestellen, Bezirksfürsorge usw.) nach Möglichkeit zu *ermitteln,* die Ergebnisse sind dem Krankenhausarzt so vorbereitet zugänglich zu machen, daß sie bei der Diagnose und der Aufstellung des Heilplanes verwendet werden können.

Weiter soll dahin gestrebt werden, durch Aussprachen mit dem Kranken seine besonderen *Sorgen kennen zu lernen,* sie, soweit sie unbegründet sind, zu zerstreuen, soweit sie begründet sind, durch entsprechende Gegenmaßnahmen zu beheben und so die Überwindung des Krankheitserlebnisses zu beschleunigen. Ständiges Einvernehmen mit dem behandelnden Arzt ist dazu unentbehrlich.

2. Der während eines Krankenlagers besonders lebhafte Wunsch des Kranken nach *Zerstreuung und Ablenkung* soll zum Anlaß genommen werden, durch verständnisvolles Eingehen auf die zugrunde liegende Erkrankung und ihre seelischen Wirkungen den Kranken von der Grübelei über sein Leiden planmäßig abzubringen, seine Stimmung zu verbessern, seinen Gesundungswillen zu stärken. Hierzu sind geeignete Mittel: Unterhaltung durch Vorlesen, Vorträge, Musikaufführungen, Teilnahme am Rundfunk.

3. Besonderer Wert ist auf die *seelische Ertüchtigung* durch geistige Fortbildung zu legen. Jedes große Krankenhaus braucht eine eigene Krankenbücherei, jedes mittlere und kleine Krankenhaus die Zusammenarbeit mit einer Leihstelle, von der aus alle mit nichtinfektiösen Kranken belegten Abteilungen durch einen Bücherkarren regelmäßig beschickt werden. Bei der Auswahl des Lesestoffes ist nach Lebensalter, akuter und chronischer Erkrankung zu unterscheiden. Bücher, die auf die Affektlage ungünstig einwirken könnten, sind zu vermeiden. Bei der Zusammenstellung der Auswahl soll der Arzt gehört werden. Mit fortschreitender Genesung oder bei längerer Krankheitsdauer ist zur Vorbereitung eines erleichterten Überganges ins Berufsleben, aber auch zur Gegenwirkung gegen geistige Verkümmerung eine weitergehende Fortbildung zu versuchen, die erfahrungsgemäß den Kranken oft recht willkommen ist. Im Rahmen solcher Unterweisungen soll der hygienischen Volksbildung besondere Beachtung geschenkt werden. Anzustreben ist, daß Ärzte des Krankenhauses geeigneten Rekonvaleszenten die notwendigsten Kenntnisse über gesundheitsgemäße Lebensführung im allgemeinen und jeweils im besonderen Falle, über vermeidbare Krankheiten, Hygiene der Arbeit und der Erholung, über den Wert von Körperpflege und Leibesübungen und über die dazu gegebenen wohlfeilen Möglichkeiten in besonderen Vorträgen vermitteln; die Pflicht zur Gesundheit ist dabei stets besonders zu betonen! Kinder im Schulalter, die länger als zwei Monate in der Anstalt sind, sollen, wenn keine ärztlichen Gegenanzeigen vorliegen, grundsätzlich regelmäßig Unterricht durch Lehrpersonen erhalten. Der Unterricht soll sich auf allgemeine geistige Anregung und auf individuelle Förderung beziehen.

4. Parallel mit der geistigen Ertüchtigung gehe die *körperliche Ertüchtigung.* Der mit dem Anstaltsleben verbundenen Einschränkung der Bewegungsmöglichkeit, den bekannt werdenden Mängeln der Konstitution und Kondition, den im Gefolge von Erkrankungen entstehenden Minderungen der körperlichen Verfassung und Schäden ist durch planmäßige Leibesübungen entgegenzuarbeiten. Der Hauptwert ist zu legen auf den Ausgleich vorhandener oder drohender Mängel, wie sie durch Nichtgebrauch oder Vernachlässigung von Organen und Organsystemen entstehen; anzuwenden sind in zweckmäßiger Auswahl die verschiedenen Methoden der Gymnastik. In erster Linie ist die Einrichtung von Säuglings- und Kleinkinderturnen, von Sonderturnen für schwächliche Schulkinder und von Asthenikerkursen zu betreiben.

5. Zum Schutze gegen *Hospitalismus* sind geeignete Kranke mit chronisch verlaufenden Leiden möglichst frühzeitig zu *beschäftigen.* Der Nachdruck ist dabei auf den therapeutischen Wert der Beschäftigung zu legen, jedoch soll der Gesichtspunkt der Zweckmäßigkeit und Verwertbarkeit nicht vernachlässigt werden. Spielereien sind unbedingt zu vermeiden. Bei langwierigen Krankheiten soll in allmählicher Steigerung der Dauer der Beschäftigung und im Fortschreiten von einfachsten Verrichtungen zu wirtschaftlich verwertbaren Erzeugnissen eine planmäßige Gewöhnung an Volltätigkeit erfolgen, das Selbstvertrauen gesteigert und die Wiedererlangung der Erwerbsfähigkeit beschleunigt werden. In Fällen, in denen voraussichtlich nur eine beschränkte Erwerbsfähigkeit zu erwarten ist, soll mit verdoppeltem Eifer an der Entwicklung und Ausnutzung der Teilarbeitskräfte gearbeitet werden.

Voraussetzung jeder Beschäftigungsbehandlung ist, daß die Eignung des Kranken zur Beschäftigung sowie Art und Dauer vom Arzt erstmalig bestimmt und laufend überwacht wird.

Erkrankungen, in deren Verlauf die Beschäftigungsmöglichkeit verhältnismäßig früh und oft vorhanden ist, sind chirurgische Erkrankungen, Erkrankungen des Zentralnervensystems, Geschlechtskrankheiten, chronisch verlaufende Tuberkulosen. Möglichkeiten zur Beschäftigung finden sich in jedem Anstaltsbetrieb zunächst durch Beteiligung an Hausarbeiten, Gartenarbeiten, im Büro, in der Näh- und Flickstube, sollten aber durch Einrichtung von Werkstätten, in denen die am häufigsten wiederkehrenden Arbeiten für den Anstaltsbedarf ausgeführt werden können (Tischlerei, Schuhmacherei, Schlosserei usw.) erweitert werden. Kinder sind grundsätzlich ohne Rücksicht auf die Dauer ihres Aufenthaltes regelmäßig zu beschäftigen, bei älteren Kindern ist vor allem das Zweckvolle zu betonen.

Jede Form der Beschäftigung soll mit anderen fürsorgerischen Maßnahmen wie Unterricht, Spiel, Leibesübungen abwechseln und in der richtigen Reihenfolge betrieben werden. In allen Zweifelsfällen ist ärztliche Entscheidung herbeizuführen.

## II. Fürsorgedienst für den Kranken als Glied der Gesellschaft.

1. Im Sinne der *Wahrung des Zusammenhanges und des Ausgleiches von Unstimmigkeiten* ist die Verbindung mit den Angehörigen des Kranken herzustellen. Abgerissene Fäden sind nach Möglichkeit wieder zu knüpfen (z. B. Versöhnung einer jugendlichen Geschlechtskranken oder Schwangeren mit dem Elternhaus), Einflüssen, die den Krankheitsverlauf ungünstig beeinflussen, ist entgegenzuarbeiten (z. B. in Trinkerfamilien).

Weiter ist zu versuchen, den Kranken von *Sorgen* um seine zurückgelassenen Angehörigen zu befreien; es sollen dazu alle gebotenen gesundheitlichen, wirtschaftlichen oder erzieherischen Schutzmaßnahmen eingeleitet, es soll für die wirtschaftliche Existenz der Familie in Abwesenheit des Ernährers gesorgt, der Verfall des Hauswesens oder die Gefährdung von Kindern oder hilflosen alten Leuten in Abwesenheit der Hausfrau verhütet werden.

2. Es ist darauf zu achten, daß der Kranke durch den Anstaltsaufenthalt keiner *Rechte an die Gesellschaft* verlustig geht. Vornehmlich ist danach zu streben, daß die verordnete Behandlung nicht aus Mangel an Geldmitteln scheitert, sondern daß die jeweils in Betracht kommenden Stellen in Anspruch genommen werden. Hierher gehört hauptsächlich die Regelung aller mit der sozialen oder privaten Versicherung zusammenhängenden Fragen (Sorge für formgerechte rechtzeitige Anträge).

Die öffentliche und private Wohlfahrtspflege soll, falls erforderlich, für den Kranken interessiert und zur Beteiligung an der Aufbringung notwendiger Geldmittel oder anderer Hilfen herangezogen werden.

Es muß darauf gesehen werden, daß *Pflichten gegen die Außenwelt* nicht versäumt, wenn notwendig aushilfsweise von anderer Seite übernommen werden, damit der Kranke nach der Entlassung nicht Schädigungen ausgesetzt ist, die den Behandlungserfolg hinfällig machen (Bezahlung der Miete, Gasrechnungen, Steuern usw.).

Von wesentlicher Bedeutung ist die *Sicherung des Kranken im Beruf:* Arbeitgeber, Behörden usw. sollen über den Verlauf der Erkrankung in objektiver Weise auf dem laufenden gehalten, Entlassungen vermieden, selbständige Gewerbetreibende rechtzeitig gestützt werden usw.

3. Die bei der individuellen Krankenbehandlung gemachten Feststellungen sollen grundsätzlich der *sozialen Vorbeugung* nutzbar gemacht werden, indem fürsorgebedürftige Angehörige oder Personen aus der Umgebung des Kranken der Fürsorge und Behandlung zugeführt werden (das gilt insbesondere für Tuberkulose, Geschlechtskrankheiten, Geisteskrankheiten).

Bei Konflikten mit dem § 300 StGB. ist in jedem Einzelfall zu prüfen, ob für den Arzt eine höhere Pflicht zur Offenbarung angenommen werden muß, hinter der die Verpflichtung zur Verschwiegenheit zurücktritt. Die Organe des Fürsorgedienstes im Krankenhause unterliegen ebenso wie die Organe der offenen Fürsorge als Gehilfen des Arztes den Bestimmungen des § 300 StGB.

### III. Vorsorge für die erste Zeit nach der Entlassung.

1. Die *Vorbereitung der Entlassung* und die Fürsorge für die erste Zeit nach der Entlassung ist entweder zur Festigung des Kurerfolges nötig oder falls keine Wiederherstellung zu erzielen, aber auch kein Krankenhausaufenthalt mehr angebracht ist, um die weitere Betreuung mit den einfachen und billigeren Mitteln der offenen Fürsorge sicher zu stellen.

2. Die Vorbereitung der Entlassung hat *hinsichtlich der Person des Kranken* in ihren Bereich einzubeziehen:

a) In jedem Falle die Belehrung des Kranken über die individuellen und sozialen Folgen seiner Erkrankung, insbesondere auch über die weitere Lebensweise, Diät, Fortsetzung der Behandlung usw. sowie die Auskunftserteilung über die Wege, auf denen er weiter Hilfe erhalten kann. Soweit Fachfürsorgestellen vorhanden sind, sollen die Kranken grundsätzlich auf sie hingewiesen werden unter Betonung der Tatsache, daß die Behandlung Sache der praktischen Ärzte bleibt.

Dies gilt in erster Linie für Tuberkulöse, Geschlechtskranke, Trinker und andere Süchtige, Krüppel, geistig Abnorme. Wöchnerinnen, Säuglinge und Kleinkinder sollen der zuständigen Fürsorgestelle, Schulkinder dem zuständigen Schularzt unter Mitteilung der im Krankenhaus erhobenen Befunde und etwaiger Vorschläge für die weitere Fürsorge (Nährpräparate, Verschickungen usw.) gemeldet werden.

b) Gegebenenfalls die *Vorbereitung sachlicher oder persönlicher Hilfe* für die Übergangszeit (Geldunterstützung, Zusatznahrung, Feuerungsmaterial, kleine Heilmittel, Krankenfahrstuhl, Unterlagen, Wirtschaftsführung durch Hauspflege, ambulante Krankenpflege usw.).

c) Gegebenenfalls die *Überleitung in andere Anstalten* zur Nachkur (Erholungsheime usw.) oder zu spezifischen Kuren (Lungenheilstätte, Herzbad usw.) oder zur Pflege (Siechenhaus, Altersheim, Wöchnerinnenheim, Waisenhaus usw.). Die Vorbereitungen zu solchen Überweisungen sollen so rechtzeitig und vollständig getroffen werden, daß ein unnötiger Krankenhausaufenthalt vermieden wird.

d) Gegebenenfalls die *Überleitung in Einrichtungen der halboffenen Fürsorge*, vornehmlich bei Kindern (Krippen, Kindergärten, Horte).

3. Hinsichtlich der *Umwelt des Kranken* ist auf enges Zusammenarbeiten mit Gesundheitsamt, Wohlfahrtsamt (Fürsorgeamt, Unterstützungsamt), Jugendamt, Arbeitsnachweis, Berufsberatungsstelle, Wohnungsamt, Rechtsauskunftsstelle, Versicherungsamt usw: zu sehen. Besondere Beachtung verdienen:

a) *Wohnungsfürsorge und Wohnungspflege.* Beschaffung von Betten für ansteckende Tuberkulöse, Herrichtung von Räumen, Unterstützung von Anträgen an das Wohnungsamt usw.

b) *Berufsfürsorge.* Ihre Aufgaben sind Hilfe zur Erlangung einer Arbeitsstelle (ebenso wichtig bei männlichen Personen zur Entlastung der Armenpflege wie bei weiblichen zur Verhütung der Prostituierung) und Ausbildung zur Wiedergewinnung oder Erhöhung der Erwerbsfähigkeit, notfalls durch Berufsumleitung, unter Inanspruchnahme der Einrichtungen der Arbeitsfürsorge. Hierbei wird zweckmäßig an die Beschäftigungstherapie angeknüpft und durch die Wahl der Beschäftigung bereits während des Krankenhausaufenthaltes die Umschulung auf einen anderen Beruf erleichtert.

Es ist besonders darauf zu achten, daß die im Krankenhaus begonnenen gesundheitlichen Maßnahmen auch nach der Entlassung planmäßig fortgesetzt werden.

Soweit angängig, sollen die Organe des fürsorgerischen Krankendienstes die weitere Betreuung erst abgeben, wenn zwischen dem Entlassenen und den Organen der offenen Fürsorge ein Vertrauensverhältnis hergestellt ist.

IV. Es ist dringend erwünscht, die geschilderten Aufgaben auch für die Besucher von Polikliniken und Ambulatorien, mit besonderer Berücksichtigung der Sicherung verordneter Behandlung, durchzuführen.

## C. Personal.

1. Zur Durchführung des Fürsorgedienstes im Krankenhaus kommen in Frage: Arzt, Seelsorger, Krankenpflegerin, Fürsorgerin, unter Umständen Lehrer (-in), Turn- und Sportlehrer (-in).

Voraussetzung zu einer erfolgreichen Arbeit sind gegenseitige Achtung und Unterstützung und allseitiges Einvernehmen.

2. Besondere Bestimmungen:

a) *Fürsorgerin:*

Da die Grundlage der fürsorgerischen Tätigkeit im Krankenhaus die Krankenpflege und die Kenntnis des Umganges mit kranken Menschen ist, andererseits zur erfolgreichen Durchführung der Aufgaben besondere Kenntnisse auf dem Gebiete der Wohlfahrtspflege im weitesten Sinne nicht zu entbehren sind, ist die staatliche Anerkennung als Krankenpflegeperson und außerdem als Wohlfahrtspflegerin die beste Gewähr für gute Arbeit. Zu bevorzugen sind Gesundheitsfürsorgerinnen. Bei Neueinstellungen sollten nur Gesundheitsfürsorgerinnen, die gleichzeitig die staatliche Anerkennung als Krankenpflegeperson besitzen, gewählt werden. Als Übergang können geeignete Krankenpflegepersonen nachgeschult werden.

b) *Kindergärtnerin, Hortnerin, Jugendleiterin.*

In Kinderkrankenhäusern und Kinderstationen allgemeiner Krankenhäuser ist es wünschenswert, auf je 80—100 Betten (ausschließlich Säuglingsabteilung) hauptamtlich eine besondere Kraft zu beschäftigen, die die Prüfung als Kindergärtnerin oder Hortnerin abgelegt hat und Kenntnisse über die wichtigsten hygienischen Fragen des Kindesalters nachweisen kann.

c) *Lehrpersonen.*

Für die Durchführung von Schul- und Gymnastikunterricht ist es wünschenswert, Lehrpersonen bzw. geprüfte Turn- und Sportlehrer (-innen) nebenamtlich heranzuziehen. Unvorgebildetem Krankenpflegepersonal soll diese verantwortungsvolle und besondere Kenntnisse voraussetzende Tätigkeit nicht überlassen werden.

## D. Wege zur Organisation.

a) Fürsorgerin.

1. *Große Krankenhäuser.*

Viele fürsorgerische Maßnahmen haben ihren Ursprung im Krankenhaus, wo ein großer Teil der Notstände erst entsteht oder zum ersten Male bekannt wird. Eine wirkungsvolle Fürsorge kann nur dann durchgeführt werden, wenn zum Stammpersonal eines jeden großen Krankenhauses eine besondere Fürsorge gehört.

Erwünscht ist eine hauptamtliche Kraft auf etwa 500 Betten eines Krankenhauses mit stärkerem Wechsel der Belegung.

Die Fürsorgerin soll zur Erleichterung ihrer Arbeit dem ärztlichen Anstaltsleiter unmittelbar unterstellt werden. Die Unterstellung unter Leiter einzelner Abteilungen oder eine andere als die für das Krankenhaus zuständige Verwaltung ist zu vermeiden.

Die Tätigkeit der Fürsorgerin ist in erster Linie eine vermittelnde, bezieht sich also vorwiegend auf Innendienst im Krankenhause. Die Aufgaben der Fürsorgerin werden zweckmäßig durch besondere Bestimmungen festgelegt. Es müssen regelmäßig Sprechstunden abgehalten, Stationsbesuche und u. a. Hausbesuche gemacht werden.

Die Fürsorgerin muß mit unmittelbar verfügbaren, wenn auch bescheidenen Mitteln versehen sein, um in dringenden Fällen sofort Hilfe bringen zu können, jedoch ist, wie überhaupt, so insbesondere in solchen Eilfällen im engsten Benehmen mit den zuständigen Stellen der Wohlfahrtspflege vorzugehen.

2. *Mittlere und kleine Krankenhäuser.*

Mehrere an einem Ort befindliche Anstalten werden zweckmäßig gemeinsam von einer hauptamtlichen Fürsorgerin versorgt. Soweit durch derartige Zusammenfassung keine volle Arbeitskraft gebraucht wird, empfiehlt es sich, entweder eine in der offenen Gesundheitsfürsorge tätige Fürsorgerin gleichzeitig mit der Wahrnehmung des Fürsorgedienstes im Krankenhaus zu betrauen, oder, falls dies nicht angängig ist, ein geeignetes Organ der Bezirksfürsorge heranzuziehen.

Zur Vermeidung von Reibungen ist es in solchen Fällen zweckmäßig, Personal aus einer Verwaltung allein zu nehmen. Die Tätigkeit der Fürsorgerin erstreckt sich sowohl auf Außen- wie auf Innendienst. Im übrigen gelten die Bestimmungen zu 1. sinngemäß.

b) Bei Verwendung von Kindergärtnerinnen, Hortnerinnen, Jugendleiterinnen, Lehrpersonen ist sinngemäß zu verfahren.

# Festsetzung der Kur- und Verpflegungskosten in Arbeitsgemeinschaften allgemeiner Krankenanstalten.

Empfohlen vom Gutachterausschuß für das öffentliche Krankenhauswesen und dem Reichsverband der freien gemeinnützigen Kranken- und Pflegeanstalten Deutschlands.

1. Es empfiehlt sich, Anstalten, die in geschlossenen oder wirtschaftlich zusammenhängenden Wohnbezirken liegen, zum Zwecke gleichmäßiger Festsetzung der Kur- und Verpflegungssätze zu losen Arbeitsgemeinschaften zusammenzuschließen.

2. Jeder Festsetzung der Kur- und Verpflegungskosten soll eine genaue Berechnung der jeweiligen Selbstkosten vorausgehen, um ihre Anpassung an die wirtschaftlichen Verhältnisse zu gewährleisten.

Zur einheitlichen Ermittlung der Selbstkosten wird der vom Gutachterausschuß für das öffentliche Krankenhauswesen und dem

Reichsverband der privaten gemeinnützigen Kranken- und Pflegeanstalten Deutschlands herausgegebene Vordruck empfohlen.

Die errechneten Selbstkosten sollen von Zeit zu Zeit einer Nachprüfung unterzogen werden, um wirtschaftlich notwendige Änderungen der Verpflegungskosten zu ermöglichen.

3. Die Pflegesätze sollen in allen Anstalten der Arbeitsgemeinschaft gleichmäßig hoch und nicht niedriger sein, als die Selbstkosten der freien Anstalten. Sie sollen in gleicher Höhe Geltung haben für Selbstzahler, Krankenkassen und sonstige Kostenträger, auch für die von Behörden überwiesenen Kranken.

4. Eine Ermäßigung der Pflegesätze erscheint lediglich gerechtfertigt für von der Mutter genährte gesunde Säuglinge und für Kinder.

5. Einzelberechnung — und zwar nach einem zu vereinbarenden gemeinsamen Tarif — empfiehlt sich für alle besonders kostspieligen Maßnahmen.

## Erläuterungen zur Berechnung der Selbstkosten.

### I.

Alle Aufwendungen werden tunlichst nach dem Jahresdurchschnittsverbrauch auf einen Monat berechnet und daraus die Kosten für einen einzelnen Krankentag errechnet. Zu diesem Zweck ist eine weitgehende Unterteilung des Vordruckes vorgesehen.

Es wird vorausgesetzt, daß in den meisten Anstalten eine genaue Übersicht über den Verbrauch an allen Gegenständen und Bedarfsmitteln geführt wird. Da der Verbrauch oder die Beschaffung vieler Bedarfsgegenstände innerhalb eines Jahres starken Schwankungen unterworfen ist, muß in den Ansätzen grundsätzlich von dem *durchschnittlichen* Jahresverbrauch ausgegangen werden; aus dem Jahresverbrauch sind die monatlichen *Verbrauchsmengen* zu errechnen und mit den durchschnittlichen Tagespreisen des zur Feststellung der Selbstkosten vorgesehenen Berechnungsmonates mal zu nehmen. Für diese Berechnungsart kommen besonders in Betracht die Ansätze für sachliche Ausgaben unter Ziff. 2, 3, 4, 5a und 6.

Soweit eine Berechnung nach dem tatsächlichen Verbrauch (Menge) nicht möglich ist, müssen die sich aus der Buchführung ergebenden *Jahresausgabebeträge* (Verlust) in *Geld* nach dem Monatsdurchschnitt eingestellt werden, z. B. bei Ziff. 1, 5b—d, 7, 10 und 11.

Im einzelnen gilt weiter folgendes:

*Zu Ziffer 1:* Einzustellen sind die Gesamtbezüge einschließlich des Wertes etwaiger Sachbezüge (freie Station usw.). Die Abzüge für Sachleistungen sind mit den auf Grund der Selbstkosten zu errechnenden Beträgen oder mit dem Anschlagswert unter den Einnahmen zu berücksichtigen und daher bei Errechnung des durchschnittlichen Selbstkostenaufwandes abzusetzen (vgl. II unten).

## Berechnung der Selbstkosten, die der Festsetzung der Kur- und Verpflegskosten zugrunde zu legen sind.

Name und Ort der Anstalt: ........................

Anzahl der in Betrieb befindlichen Betten: ........................

Belegung im Jahresdurchschnitt: ........................ Gesamtzahl der Verpflegungstage ausschließlich Personal im Jahre: ........................

also im Monat durchschnittlich: ........................

| Ausgabe | | Selbstkosten monatlich | Selbstkosten täglich für einen Verpflegten | |
|---|---|---|---|---|
| | *RM* | *RM* | *RM* | *Rpf* |
| *1. Gehälter, Vergütungen und Löhne einschließlich Sozialversicherung:* | | | | |
| a) Besoldungen für Beamte usw. . . | ........ | | | |
| b) Gehälter für Ärzte . . . . . . . | ........ | | | |
| c) Vergütungen für Angestellte . . . | ........ | | | |
| d) Pflegepersonal . . . . . . . . . | ........ | | | |
| e) Löhne . . . . . . . . . . . . | ........ | | | |
| f) Ruhegehälter und Hinterbliebenenbezüge . . . . . . . . . . . . . | ........ | | | |
| g) Beiträge zur Sozialversicherung . | ........ | | | |
| h) Sonstiges . . . . . . . . . . . | ........ | | | |
| insgesamt: | | ........ | ........ | ........ |
| *2. Hausverbrauchsgegenstände (Geschirr, Küchengeräte, Besen, Bürsten, Streichhölzer, Glas, Porzellan usw.)* . . . . | ........ | ........ | ........ | ........ |
| *3. Wasch- und Hausreinigungsmittel* . . | ........ | ........ | ........ | ........ |
| *4. Ausgabe für Wärme-, Kraft- und Wasserwirtschaft:* | | | | |
| a) Heizung: | | | | |
| 1. Steinkohlen . . . Ztr. je ........ | ........ | | | |
| 2. Koks . . . . . . ,, je ........ | ........ | | | |
| 3. Briketts . . . . ,, je ........ | ........ | | | |
| 4. Holz . . . . . . cbm je ........ | ........ | | | |
| 5. Torf . . . . . . Ztr. je ........ | ........ | | | |
| 6. Sonstiges . . . . . . . . . . | ........ | | | |
| b) Elektr. Licht u. Kraft kW je ........ | ........ | | | |
| c) Gas . . . . . . . . cbm je ........ | ........ | | | |
| d) Wasser . . . . . . cbm je ........ | ........ | | | |
| insgesamt: | | ........ | ........ | ........ |
| zu übertragen: | | ........ | ........ | ........ |

| Ausgabe | | Selbstkosten monatlich | täglich für einen Verpflegten | |
|---|---|---|---|---|
| | RM | RM | RM | Rpf |
| zu übertragen: | | | | |
| 5. *Verwaltungskosten:* | | | | |
| a) Bureaubedarf | | | | |
| b) Abgaben, Steuern, Kanalisation, Müllabfuhr | | | | |
| c) Versicherungsbeiträge (außer Sozialversicherung) | | | | |
| d) Sonstiges | | | | |
| insgesamt: | | | | |
| 6. *Lebensmittel:* | | | | |
| a) Backwaren | | | | |
| b) Fleisch- und Wurstwaren | | | | |
| c) Fisch | | | | |
| d) Kartoffeln | | | | |
| e) Gemüse | | | | |
| f) Obst | | | | |
| g) Milch | | | | |
| h) Eier | | | | |
| i) Käse | | | | |
| k) Fette | | | | |
| l) Kolonialwaren | | | | |
| m) Getränke | | | | |
| n) Sonstiges | | | | |
| insgesamt: | | | | |
| 7. *Instandhaltung:* | | | | |
| a) Gebäude einschließlich Garten, Hof und Straßen | | | | |
| b) Technische Betriebsanlagen | | | | |
| c) Ärztliche Apparate u. Instrumente | | | | |
| d) Wäsche und Kleidung | | | | |
| e) Einrichtungsgegenstände | | | | |
| insgesamt: | | | | |
| 8. *Für Abschreibungen vom Anschaffungs- oder Neuwert:* | | | | |
| a) Gebäude . . . . . . . $1^1/_2$ vH. | | | | |
| b) Techn. Betriebsanlagen . 10 vH. | | | | |
| c) Ärztliche Apparate und Instrumente usw. . . . 10 vH. | | | | |
| d) Wäsche und Kleidung . 25 vH. | | | | |
| e) Sonstiges Hausgerät . . 10 vH. | | | | |
| insgesamt: | | | | |
| zu übertragen: | | | | |

| Ausgabe | | Selbstkosten monatlich | Selbstkosten täglich für einen Verpflegten | |
|---|---|---|---|---|
| | RM | RM | RM | Rpf |
| zu übertragen: | | | | |
| 9. *Verzinsung des Anlagekapitals abzüglich der Hypotheken:* | | | | |
| a) 1. Grund und Boden, 2. Gebäude . . . . $1^1/_2 = 3$ vH. | | | | |
| b) Miete, Pacht, Hypothekenzinsen in der tatsächlichen Höhe . . . . . | | | | |
| insgesamt: | | | | |
| 10. *Verschiedenes* . . . . . . . . . . . | | | | |
| Summe Ziffer 1—10 | | | | |
| 11. *Heilkosten:* | | | | |
| a) Arznei-, Heil- und Stärkungsmittel | | | | |
| b) Verbandmittel . . . . . . . . . . | | | | |
| c) Bedarf für Röntgenbetriebe, Bestrahlungs- und photographische Einrichtungen, Laboratorien . . . | | | | |
| d) Bäder . . . . . . . . . . . . . | | | | |
| insgesamt: | | | | |
| 12. *Besondere Aufwendungen für Lehre und Forschung* . . . . . . . . . . | | | | |
| Gesamtsumme 1—12 | | | | |
| Gesamtbetrag Ziffer 1—10 | | | | |

ab Einnahmen (Abzüge für Sachleistungen vgl. Erläuterungen):

.................... RM

bleiben: .................... RM

.................... Krankenverpflegungstage

Durchschnittsbetrag der allgemeinen Selbstkosten je Tag und Kopf:

.................... RM

Betrag Ziffer 11 .................... RM .................... Krankenverpflegungstage

Durchschnittsbetrag der Nebenkosten je Kopf und Tag .................... RM

Unter 8 sind die zur Zeit der Aufstellung der Berechnung geltenden Beträge einzusetzen.

*Zu Ziffer 3:* Hier ist zu berücksichtigen der Aufwand für Reinigungsmittel jeder Art: Seife, Waschmittel, Soda, Bohnerwachs, Scheuertücher usw.

*Zu Ziffer 5:* Es sind zu berücksichtigen unter:

a) Die Aufwendungen für Schreibmittel, Drucksachen, Bücher und Zeitungen, Buchbinderarbeiten usw.

b) Die Ausgaben für Fernsprecher, Dienstreisen, Porto, Frachten usw.

c) Etwaige Beiträge zur Ruhegehaltskasse.

*Zu Ziffer 6:* Der Wert der aus der Feld- und Gartenwirtschaft an die Anstaltsküche gelieferten Erzeugnisse ist unter diesen Ausgaben mit einzustellen.

*Zu Ziffer 7:* Es fallen unter:

b) Heizungs-, Beleuchtungs- und Kraftanlagen sowie Werkstätten.

c) Auch die Ausgaben für Unterhaltung der wissenschaftlichen Sammlungen und der ärztlichen Bibliothek, soweit nicht unter Ziff. 12 gehörig.

*Zu Ziffer 8:* Die für Abschreibungen angegebenen Hundertsätze sind nach den bisherigen Erfahrungen als angemessen zu betrachten. Die durch die Abschreibungen einkommenden Beträge dienen zu Neubauten und Neuanschaffungen und müssen daher in die Rücklage eingestellt werden.

Als *Anschaffungswert* gilt hier der für eine Sache ausgegebene oder aufgewendete Betrag zuzüglich der Ausgaben, die nach der Fertigstellung oder Beschaffung erfolgt sind und eine Erhöhung ihres ursprünglichen Wertes bedeuten:

| Beispiel: | Herstellung eines Gebäudes . . . . | RM 100000.— |
|---|---|---|
| | Anbau eines Flügels (Werterhöhung) | RM 25000.— |
| | | RM 125000.— |

ergibt den zur Abschreibung einzustellenden Betrag.

*Zu Ziffer 9:* Der Zinsfuß ist mit $1\frac{1}{2}$ — 3 vH, je nach den Verhältnissen und örtlichen Vereinbarungen als ausreichend anzusehen. Als Grundlage für den Wert der Gebäude kann in der Regel der Schätzungswert für die Feuerversicherung angesehen werden.

*Zu Ziffer 10:* Unter „Verschiedenes“ sind diejenigen Ausgaben zu berücksichtigen, die in den übrigen Abschnitten nicht untergebracht werden können.

*Zu Ziffer 12:* Die gesonderte Einstellung der Aufwendungen für Lehre und Forschung ist notwendig, da diese Beträge bei Errechnung des Selbstkostensatzes, der als Grundlage für die Festsetzung des Pflegesatzes dient, nicht zu berücksichtigen sind.

Etwaige Überschüsse aus dem Landwirtschaftsbetrieb, Fuhrbetrieb, aus der Apotheke oder sonstigen werbenden Betriebszweigen, für die Sonderrechnungen geführt werden, sind dem Hauptetat der Anstalt gutzuschreiben und bedeuten infolgedessen eine Verminderung der Aufwendungen für die Krankenversorgung.

Andererseits sind Zuschüsse, welche die genannten Nebenbetriebe etwa erfordern, unter den Ausgaben unter „Verschiedenes“ einzustellen.

## II.

Von dem aus den Ansätzen unter Ziff. 1—10 errechneten Gesamtaufwand sind zu kürzen die Einnahmen der Anstalt aus Abzügen für die den Anstaltsbeschäftigten gewährten Sachleistungen, ferner aus etwaigen Überschüssen des Landwirtschafts-, Fuhrwerks-, Apothekenbetriebes sowie die sonstigen Einnahmen, soweit sie nicht solche aus Kur- und Verpflegungsgeldern für Kranke darstellen.

Wird die dann verbleibende Ausgabesumme durch die Zahl der Krankenverpflegungstage geteilt, so ergibt sich der auf einen Kranken entfallende durchschnittliche Tagesaufwand, welcher der Festsetzung des Hauptpflegesatzes zugrunde zu legen ist.

Bei der Ermittlung der täglichen Selbstkosten der III. Klasse muß ein Abzug für die I. und II. Klasse gemacht werden. Die Höhe dieses Abzuges kann je nach den Leistungen, die eine Anstalt diesen Kranken gewährt, verschieden sein und bedarf deshalb besonderer Ermittlung für die einzelnen Anstalten.

a) Sie kann erfolgen nach einem Schlüssel, der sich aus dem prozentualen Verhältnis der Pflegesätze der verschiedenen Klassen zueinander ergibt. Nimmt man z. B. an, daß nach dem zuletzt gültigen Pflegesatztarif die II. Klasse das Doppelte und die I. Klasse das Dreifache der III. Klasse zu zahlen hat, so muß auch bei der Berechnung der Krankenverpflegungstage die II. Klasse doppelt und die I. Klasse dreifach berücksichtigt werden. Um den wirklichen Einheitssatz der Selbstkosten zu finden, wäre daher dem Divisor (tatsächliche Zahl der Krankenverpflegungstage) das Mehrfache im obigen Verhältnis hinzuzusetzen.

*Beispiel:*

Gesamtverpflegungstage 300000;

| | | |
|---|---|---|
| davon | III. Klasse | 270000 |
| | II. Klasse | 20000 |
| | I. Klasse | 10000 |
| | | 300000 |

Durchschnittlicher täglicher Selbstkostenaufwand:

300000 Tage × 6 = 1800000 RM

| | | | |
|---|---|---|---|
| also | III. Klasse | | 270000 Tage |
| | II. Klasse | 20000 × 2 = | 40000 Tage |
| | I. Klasse | 10000 × 3 = | 30000 Tage |
| | | | 340000 Tage |

1800000 RM: 340000 Tage 5,29 RM durchschnittlicher Selbstkostenbetrag der III. Klasse.

Mit Hilfe des Vordruckes ist eine Gliederung des gesamten Kur- und Verpflegungsaufwandes möglich, wie sie von verschiedenen örtlichen Krankenhausverbänden bereits eingeführt ist und wonach zwischen:

a) Haussatz (für Unterbringung, Beköstigung, Wartung und Pflege der Kranken),

b) Heilmittelsatz (für Verband-, Untersuchungs- und Heilmittel),

c) Arztsatz (für ärztliche Versorgung)

unterschieden wird.

Für diesen Fall sind zu berücksichtigen:

Zu a) die Ansätze unter 1—10 unter Ausschluß von Ziff. 1b, 7c und 8c.

Zu b) die Ansätze unter Ziff. 7c, 8c und 11a—d.

Zu c) die Ansätze unter Ziff. 1b, e, f und g, soweit sie sich auf Ärzte beziehen.

# Maßnahmen zur Behebung der Bettennot.

Aufgestellt im Juni 1926.

1. In vielen deutschen Städten besteht bereits eine „Bettennot", d. h. ein Mangel an Krankenhausbetten, in anderen ist sie zu erwarten.

2. Die Ursache der Bettennot ist in den einzelnen Städten verschieden und muß lokal untersucht werden.

3. Als Ursache kommt neben einer durch den Krieg bedingten Überalterung der Bevölkerung, die lange fortbestehen wird, in erster Linie die soziale Not in Betracht. Sie macht sich geltend in:

a) erhöhtem Zustrom von Schwerkranken,

b) Ansammlung chronisch Kranker,

c) Zustrom Leichtkranker, entsprechend dem hohen Krankenstand bei den Ortskrankenkassen, der wieder der hohen Erwerbslosenziffer entspricht.

4. Von den einzelnen Krankheitsgruppen sind in Abnahme begriffen die Geschlechtskranken; unvermindert, wahrscheinlich in Zunahme sind Nerven- und Geisteskranke; unvermindert, trotz günstiger Mortalität, die Tuberkulose. Abnahme dieser Krankheitsgruppen ist nicht zu erwarten.

5. Je nach Vorhandensein eines der unter 3 genannten Momente ist Errichtung von Leichtkrankenabteilungen, Rekonvaleszentenheimen, Krankenanstalten für chronisch Kranke und Siechenanstalten am Platz.

6. Eine Entlastung der Tuberkuloseabteilung kann erfolgen durch Beschleunigung der Sanatoriumsaufnahmen und Neubau von Sanatorien oder durch Errichtung von Tuberkulosekrankenhäusern.

7. Genügen diese Maßnahmen nicht, so ist Erweiterung und Neubau in Angriff zu nehmen.

8. Eine erhebliche Minderung der Bettennot ist möglich durch eine gute Organisation der nachgehenden Fürsorge (Einrichtung von Ambulanzen zur Nachbehandlung; von Krankenküchen; Ausbau von Hauspflege und Wirtschaftspflege; Erweiterung des Fürsorgedienstes im Krankenhaus und der Familienfürsorge durch eine gut geschulte Diätfürsorge).

# Erläuterungen zum Rechnungsergebnisblatt.

Zu einer genauen Übersicht über die Ausgaben des Anstaltsbetriebes ist es notwendig, neben dem Gesamt- oder Endergebnis auch die Ausgaben für alle Einzelposten vergleichbar zu ermitteln und die Aufwendungen für den Krankentag im einzelnen nachzuweisen.

Das Rechnungsergebnisblatt ist in folgende Gruppen eingeteilt:

I. Persönliche Ausgaben — Gehälter,
II. Sachliche und allgemeine Betriebsausgaben,
III. Beköstigung,
IV. Wirtschaftsbetriebe,
V. Werkstätten,
VI. Ausbesserungen,
VII. Unkosten
VIII. Zinsenkonto,
IX. Abschreibungen,
X. Verschiedenes.

*Gruppe I:* Aus der Aufstellung der Gruppe I muß zu ersehen sein, wie hoch die Gesamtkosten für Ärzte, Schwestern und Personal den Krankentag belasten. In dieser Gruppe wären also sämtliche Zahlungen an Gehältern und Löhnen einzustellen, einschl. des Geldwertes etwa gewährter freier Station und sonstiger Sachbezüge. Bei jeder Untergruppe wären sämtliche geldlichen oder geldwerten Vergütungen anzugeben. Anstaltsverwaltungen, denen die seitliche Aufteilung der Gruppe I in die Anstellungsarten nicht ohne Schwierigkeiten möglich ist, werden gebeten, in Spalte 7 und 8 die Gesamtbeträge einzusetzen.

Das unter I. b) Röntgen- und Badehaus; c) Laboratorien und Institute, und d) Polikliniken usw. aufgeführte und dort tätige Personal (Ärzte, Laborantinnen, Röntgenassistentinnen, Schwestern, Dienstpersonal) muß bei dieser Gruppe in seiner Gesamtheit erfaßt werden und ist nicht unter a) oder e) oder s) aufzuführen.

Die Ausgaben für Überstundenvergütungen und Vertretungen sind den einzelnen Gruppen zuzuschreiben.

*Gruppe II:* Das Konto „Sächliche und allgemeine Betriebsausgaben" ist möglichst weitgehend aufzuteilen. Gerade zu Lasten der hier verrechneten Konten erfolgen erhebliche Ausgaben, deren Betrag im Interesse vorteilhafter Wirtschaftsführung ständig mit den gleichen Aufwendungen ähnlicher Krankenanstalten, gleichfalls auf den Krankentag berechnet, verglichen und nachgeprüft werden sollte.

Bei der Gruppe II sind auch die Lagerbestände am Anfang und zum Schluß des Rechnungsjahres — mit ihren Anschaffungskosten — zu bewerten. Es ergibt beim Abschluß ein falsches Ergebnis und zum Vergleich unstimmige Voraussetzungen, wenn die Lagerbestände nicht berücksichtigt werden, wenn also lediglich die geldlichen Einnahmen und Ausgaben des laufenden Rechnungsjahres angegeben würden. Sollten Lagerbestände z. B. in diesem Rechnungsjahre beschafft worden sein, zum Teil aber erst im folgenden Jahre verbraucht werden, so wirkt sich das aus im ungünstigen Ergebnis dieses Geschäftsjahres, zugunsten der Rechnung des folgenden Jahres; derartige Unterschiede sind oft erheblich und belangreich. Die Zahlen der Spalten 1 und 2 des Vordruckes ergeben die Belastung des Kontos, die Spalte 4 (Einnahmen) und Spalte 5 (Bestand am Abschlußtage) seine Gutschrift: der Unterschiedsbetrag ergibt den tatsächlichen Aufwand für das Berichtsjahr (Verlust oder Gewinn). (*Beispiel:* Reinigungsmaterial: Bestandsvortrag 1500, Ausgabe [Ankauf oder Zugang] 2300 = zusammen 3800; Einnahme durch Verkauf an Personal und Fremde 400, Bestand am Abschlußtage 750 = zusammen 1150: danach ergibt sich ein Verbrauch oder Verlust von 2650.)

Unberücksichtigt bleibt bei der Gruppe II das Inventar, die Wäsche und alle Gegenstände, die bei dieser Aufstellung als Anlagewert zu verrechnen sind; sie erscheinen mit dem Abschreibungsbetrage für die gesamte Einrichtung, die sich in Benutzung befindet, unter Gruppe IX.

*Gruppe III:* Aus der Gruppe III muß die genaue Errechnung der Kosten des Krankenbeköstigungstages möglich sein. Spalte 3 muß den Wert der Lebensmittelbestände des Lagers am Anfang des Rechnungsjahres und den Betrag für die im laufenden Jahre zugekauften Lebensmittel enthalten. Auch die Lieferungen aus eigenen Wirtschaftsbetrieben (Metzgerei, Bäckerei, Garten- und Feldwirtschaft, Viehhaltung) sind hierbei zu bewerten; die der Beköstigung so belasteten Beträge sind bei den Wirtschaftsbetrieben wieder als Einnahme zu verrechnen (Spalte 4). Unter Spalte 4 der Gruppe „Beköstigung" erscheint der von den Angestellten gezahlte Betrag für Beköstigung, oder, wenn freie Station gewährt wird oder Verrechnung im Pauschale erfolgt, der Geldwert der gewährten freien Beköstigung. Die Spalte 5 weist den Lebensmittelbestand am Abschlußtage nach. Aus Spalte 7 ergibt sich danach der tatsächliche Verbrauch an Lebensmitteln für Kranke, der dann auf den Krankenpflegetag berechnet werden kann und muß.

*Gruppe IV:* Unter Gruppe IV (Wirtschaftsbetriebe) sind in Spalte 1 die Bestände am Anfang des Rechnungsjahres, in Spalte 2 die sächlichen Auslagen und Aufwendungen einzutragen; Spalte 4 enthält die Einnahmen aus Verkauf an Fremde und Personal sowie die auf Beköstigung umgelegten Zahlen; Spalte 5 weist die Bestände am Abschlußtag nach, so daß aus Spalte 7 der Verlust oder Überschuß ersichtlich wird.

*Gruppe V:* Bei der Gruppe „Werkstätten" werden alle sächlichen Ausgaben eingetragen, soweit sie nicht unmittelbar auf „Ausbesserungen" verrechnet worden sind; bei den Werkstätten sind auch etwa vorhandene Materialbestände zu bewerten. Die Einnahmen sind in der Zusammenstellung A unter „Einnahmen" zu buchen.

Rechnungsergebnisblatt zu einer vergleichenden Jahresübersicht der Wirtschaftsergebnisse von Krankenhäusern.

Bezeichnung der Anstalt: ............ Besitzer: ............

Zahl der vorhandenen Betten: ............ Zahl der in Betrieb befindlichen Betten: ............

Im Jahresdurchschnitt belegt: ............ Zahl der im Rechnungsjahr 192.. geleisteten Krankenpflegetage: ............ (Ohne Personal)

| Bezeichnung | 1 Beamte | | 2 Angestellte | | 3 Arbeiter | | 4 Pflegepersonal | | 5 Hauspersonal | | 6 Gesamtbetrag | | 7 Aufwendung je Krankentag a und b zusammen | | 8 Erläuterung |
|---|---|---|---|---|---|---|---|---|---|---|---|---|---|---|---|
| | a wie Spalte 6 | b wie Spalte 6 | a wie Spalte 6 | b wie Spalte 6 | a wie Spalte 6 | b wie Spalte 6 | a wie Spalte 6 | b wie Spalte 6 | a wie Spalte 6 | b wie Spalte 6 | a Barbezüge | b Kosten der freien Station und sonstige Sachbezüge | | | |
| | RM | RM | RM | RM | RM | RM | RM | RM | RM | RM | RM | RM | RM | Rpf | |
| I. *Persönliche Ausgaben — Gehälter —* | | | | | | | | | | | | | | | |
| a) Ärzte und ärztliche Direktoren . . . . | | | | | | | | | | | | | | | |
| b) Röntgen- und Badehaus . . . . . . . . | | | | | | | | | | | | | | | |
| c) Laboratorien u. Institute . . . . . . | | | | | | | | | | | | | | | |
| d) Polikliniken . . . . | | | | | | | | | | | | | | | |
| e) Männliches u. weibliches Pflegepersonal | | | | | | | | | | | | | | | |
| f) Apotheke und Verbandmittelzentrale . | | | | | | | | | | | | | | | |
| g) Waschküche u. Desinfektion . . . . . | | | | | | | | | | | | | | | |

| | | | | | | | | | | | | | | | |
|---|---|---|---|---|---|---|---|---|---|---|---|---|---|---|---|
| h) Allg. Verwaltung . . | | | | | | | | | | | | | | | |
| i) Wächter, Pförtner, Aufseher, Telephonzentrale . . . . . | | | | | | | | | | | | | | | |
| k) Lagerverwaltungen und Magazine . . . | | | | | | | | | | | | | | | |
| l) Werkstätten . . . . | | | | | | | | | | | | | | | |
| m) Kraftwagen-u. Fuhrbetrieb . . . . . . | | | | | | | | | | | | | | | |
| n) Kessel- und Maschinenbetrieb (Maschinisten, Heizer u. Kohlenfahrer) . . . | | | | | | | | | | | | | | | |
| o) Küchen . . . . . . | | | | | | | | | | | | | | | |
| p) Metzgerei u. Bäckerei | | | | | | | | | | | | | | | |
| q) Gärtnerei und Landwirtschaft . . . . | | | | | | | | | | | | | | | |
| r) Viehhaltung . . . . | | | | | | | | | | | | | | | |
| s) Hausangestellte für Reinigungs- u. and. Dienstleistungen . . | | | | | | | | | | | | | | | |
| t) Seelsorge, Fürsorge, Lehrer und Erzieher | | | | | | | | | | | | | | | |
| u) Sonstiges Personal (bitte einzeln angeben) . . . . . . | | | | | | | | | | | | | | | |
| v) Beiträge f. Pensionskasse . . . . . . | | | | | | | | | | | | | | | |
| ................................ | | | | | | | | | | | | | | | |
| ................................ | | | | | | | | | | | | | | | |

| Bezeichnung | 1<br>Lagerbestände am Anfang des R.-Jahres 192 . . | 2<br>Gesamtausgabe im R-Jahre (Zugang) | 3<br>Summe der Spalten 1 und 2 | 4<br>Einnahme aus Verkauf an Fremde und Abgabe an Personal | 5<br>Lagerbestände am Abschlußtage (31. 3. 192 . .) | 6<br>Summe der Spalten 4 und 5 | 7<br>Bleibt tatsächliche Ausgabe oder Verlust (Spalten 3—6) | 8<br>Aufwendung je Krankentag<br>RM | <br><br>Rpf |
|---|---|---|---|---|---|---|---|---|---|
| II. *Sächliche u. allgemeine Betriebsausgaben.* | | | | | | | | | |
| a) Ärztliche Geräte, Instrumente und sonst. ärztl. Bedarf | | | | | | | | | |
| b) Krankenpflegeart. (Eisbeutel, Wasserkissen, Unterlagen, Fieberthermometer) . . . . | | | | | | | | | |
| c) Röntgenbedarf . . | | | | | | | | | |
| d) Laboratoriumbedarf . . . . . . | | | | | | | | | |
| e) Bücher, Zeitschriften u. Bedarf für Lehre u. Forschung | | | | | | | | | |
| f) Arzneien und Verbandmittel . . . | | | | | | | | | |
| g) Desinfektion und Waschmittel für Wäscherei . . . . | | | | | | | | | |
| h) Glaswaren u. Porzellan . . . . . . | | | | | | | | | |
| i) Haus- u. Küchengeräte . . . . . | | | | | | | | | |

| | | | | | | | | | |
|---|---|---|---|---|---|---|---|---|---|
| k) Reinigungsmat. (Besen, Bürsten, Schrubber, Aufnehmer, Seife usw.) | | | | | | | | | |
| l) Bureaubedarf . . | | | | | | | | | |
| m) Brennstoffe (Kohlen u. dgl.) . . . | | | | | | | | | |
| n) Gasverbrauch . . | | | | | | | | | |
| o) Strom, 1. Licht . | | | | | | | | | |
| 2. Kraft . | | | | | | | | | |
| p) Wasser . . . . . | | | | | | | | | |
| III. *Beköstigung.* | | | | | | | | | |
| a) Nahrungsmittel u. dgl. . . . . . . | | | | | | | | | |
| IV. *Wirtschaftsbetriebe.* | | | | | | | | | |
| a) Metzgerei . . . . | | | | | | | | | |
| b) Bäckerei . . . . | | | | | | | | | |
| c) Garten- und Feldwirtschaft . . . . | | | | | | | | | |
| d) Viehhaltung . . . | | | | | | | | | |
| V. *Werkstätten* (Material und Geräte). | | | | | | | | | |
| a) Schreinerei . . . | | | | | | | | | |
| b) Polsterei . . . . | | | | | | | | | |
| c) Malerei und Anstreicher . . . . | | | | | | | | | |
| d) Maurer . . . . . | | | | | | | | | |
| e) Schlosserei . . . | | | | | | | | | |
| f) Klempnerei . . . | | | | | | | | | |

| Bezeichnung | 1 Lagerbestände am Anfang des R.-Jahres 192.. | 2 Gesamtausgabe im R.-Jahre (Zugang) | 3 Summe der Spalten 1 und 2 | 4 Einnahme aus Verkauf an Fremde und Abgabe an Personal | 5 Lagerbestände am Abschlußtage (21.3.192..) | 6 Summe der Spalten 4 und 5 | 7 Bleibt tatsächliche Ausgabe oder Verlust (Spalten 3—6) | 8 Aufwendung je Krankentag *RM* | *Rpf* |
|---|---|---|---|---|---|---|---|---|---|
| g) Mech. Werkstatt (Instrumentenanfertigung, Vernikkelungen) . . . . | | | | | | | | | |
| h) Elektrotechnische Werkstätte . . . | | | | | | | | | |
| i) Orthopäd. Werkstatt . . . . . . | | | | | | | | | |
| k) Sonstige Werkstätten . . . . . | | | | | | | | | |
| l) Betriebsmaterialien für den techn. Betrieb (Öle, Dichtungsmat. u. dgl.) | | | | | | | | | |
| m) Kraftwagen- und Fuhrbetrieb . . . | | | | | | | | | |
| | | | | | | | | | |

| Bezeichnung | Ausgabe *RM* | Aufwendung je Krankentag *RM* | *Rpf* |
|---|---|---|---|
| VI. *Ausbesserungen.* | | | |
| a) Gartenanlagen, Straßen und Wege . . . . . . . . . . . . . . . | | | |
| b) Bau . . . . . . . . . . . . . . . . . . . . . . . . . . | | | |
| c) Maschinen . . . . . . . . . . . . . . . . . . . . . . . | | | |
| d) Geräte, Instrumente, Apparate, Möbel usw. . . . . . . . . . | | | |
| (soweit die Aufwendungen hierfür nicht bei Abschnitt IIa, c und d oder V verrechnet werden) | | | |

| | | | |
|---|---|---|---|
| VII. *Allgemeine Unkosten.* | | | |
| A Kultusausgaben | | | |
| B a) Postgelder und Fernsprechgebühren | | | |
| b) Personalversicherungen | | | |
| 1. Krankheit | | | |
| 2. Unfall | | | |
| 3. Haftpflicht | | | |
| 4. Invaliden und Alter | | | |
| 5. Angestellten | | | |
| c) Sachversicherung | | | |
| 1. Gebäudebrandversicherung | | | |
| 2. Mobiliarbrandversicherung | | | |
| 3. Diebstahlversicherung | | | |
| 4. Sonstige Versicherungen | | | |
| d) Hagel- und Viehversicherung | | | |
| e) Reisegelder und Umzugskosten | | | |
| f) Revisionen | | | |
| g) Kanal-, Straßenreinigung, Müllabfuhr | | | |
| h) Verschiedenes | | | |
| VIII. *Zinsenkonto.* | | | |
| a) Bankzinsen (laufender Verkehr) | | | |
| b) Bauschuldzinsen (Anleihe und Hypotheken) | | | |
| IX. *Abschreibungen (vom Anschaffungs- oder Neuwert).* | | | |
| a) Gebäude . . . 1,5 vH. von RM ......, | | | |
| b) Maschinen . . . 10 „ „ „ ......, | | | |
| c) Inventar (einschl. ärztl. Apparate u. Instrumente) . . . 10 „ „ „ ......, | | | |
| d) Kleidung und Wäsche . . . 25 „ „ „ ......, | | | |
| X. *Verschiedenes.* | | | |

## A. Errechnung der Gesamtaufwendungen

(einschließlich der Kosten für den wissenschaftlichen Betrieb) je Krankenpflegetag.

Einnahmen.

| | Bezeichnung | Betrag RM |
|---|---|---|
| 1 | a) Aus Verkäufen und Abgaben an Kranke, Fremde und Angestellte (soweit nicht in Spalte 4 enthalten) | |
| | b) Nebenkosten, Behandlung, Arzneien, Verbände usw. . . . . . . | |
| | c) Einnahmen (Gewinn) aus: | |
| | 1. Wirtschaftsbetrieben . . . . . | |
| | 2. Werkstätten . . . . . . . . . . | |
| | d) Miete für Wohnungen und Möbel (auch Mietwert für freie Wohnung, soweit beim Gehalt in Ausgabe gestellt) . . . . . . . . . . . . . . | |
| | e) Sonstige Einnahmen (einzeln aufführen) . . . . . . . . . . . . . . | |
| | | |

Ausgaben (Spalte 7).

| | Bezeichnung | Betrag RM | je Krankentag RM | je Krankentag Rpf |
|---|---|---|---|---|
| I | Persönliche (Gehälter) . . . . | | | |
| II | Sächliche Ausgaben . . . . . | | | |
| III | Beköstigung . . . . . . . | | | |
| IV | Wirtschaftsbetriebe . . . . . | | | |
| V | Werkstätten . . . . . . . . . | | | |
| VI | Ausbesserungen . . . . . . . | | | |
| VII | Allgemeine Unkosten . . . . | | | |
| VIII | Zinsenkonto . . . . . . . | | | |
| IX | Abschreibungen . . . . . . | | | |
| X | Verschiedenes . . . . . . . . | | | |
| | Summe: | | | |

| Nr. | | Betrag |
|---|---|---|
| 2 | *Pflegekosten:* | |
| | a) I. Klasse | |
| | b) II. Klasse | |
| | c) III. Klasse | |
| | d) Säuglinge | |
| | e) Begleitpersonen | |
| | | |

| | | | | |
|---|---|---|---|---|
| Abzüglich Einnahme 1a—e | | | | |
| Gesamt-*Aufwendungen***) | | | | |
| Abzüglich Einnahme 2 (Pflegekosten) | | | | |
| Zuschuß zu den Aufwendungen | | | | |
| Zuzüglich Außerordentliche Ausgaben | | | | |
| a) Umbauten | | | | |
| b) Erweiterungen | | | | |
| c) Neubauten | | | | |
| d) Maschinen | | | | |
| e) Inventargegenstände | | | | |
| f) Kleidung und Wäsche | | | | |
| Gesamt-Jahreszuschuß: | | | | |

## B. Errechnung der reinen Krankentagskosten.

(Ohne Aufwendungen für wissenschaftliche Zwecke, Unterricht und Forschung. Universität, Akademie, wissenschaftliche Institute.)

| | Betrag RM | je Krankentag RM | je Krankentag Rpf |
|---|---|---|---|
| **) Gesamtaufwendungen | | | |
| Die in diesen Gesamtaufwendungen enthaltenen Kosten für rein wissenschaftliche Zwecke (Universität, Akademie, wissenschaftliche Institute und Laboratorien) betragen etwa | | | |
| Demnach *wirkliche Aufwendungen für den eigentlichen Krankenhausbetrieb* | | | |
| Abzüglich *Pflegekosteneinnahmen* (Einnahme 2) | | | |
| Zuschuß zu den *reinen Kosten* des Krankentages | | | |

*Gruppe VI:* Unter „Ausbesserungen“ fallen sämtliche Kosten für Ausbesserungsarbeiten an: Bau, Maschinen und Geräten, ferner die Unterhaltung der Gartenanlagen, Straßen und Wege.

Neubauten und größere Umbauten werden als besondere Aufwendungen den außerordentlichen Ausgaben (siehe Zusammenstellung A) zugeschrieben.

*Gruppe VII:* Auf dem Konto „Unkosten“ erscheinen die Barauslagen für die dort angegebenen Posten.

*Gruppe VIII:* Das Zinsenkonto soll die Zinsen des laufenden Bankverkehrs und die Bauschuldzinsen aus Anleihen und Hypotheken aufweisen.

*Gruppe IX:* Auf die unter Gruppe IX verzeichneten Posten muß wegen ihrer nach und nach stattfindenden Wertminderung eine gleichmäßige Jahresabschreibung vom Anschaffungswert vorgenommen und als Verlust eingestellt werden; die Abschreibung gilt auch für Wäsche, weil der Geldwert der als unbrauchbar ausgeschiedenen Wäsche nur in wenigen Anstalten ermittelt wird. Der Grundwert zu diesen Gegenständen könnte, wenn er nicht aus der vorhandenen Buchführung feststellbar ist, durch Schätzung ermittelt oder mit dem Betrage eingesetzt werden, mit dem diese Posten gegen Feuer usw. versichert sind.

Die Spalte „Einnahmen“ der Zusammenstellung A (Errechnung der Gesamtaufwendungen) kann nach den örtlichen Verhältnissen der einzelnen Anstalten ergänzt werden. Aus der Berechnung soll zunächst ermittelt werden, wie hoch die Gesamtaufwendungen für den einzelnen Krankentag sind, welcher Betrag durch Pflegekosten wieder vereinnahmt wird, und wie hoch sich danach der *tatsächliche Verlust* der Anstalt oder ihrer Eigentümerin für jeden Krankentag beläuft.

Einmalige Ausgaben im laufenden Rechnungsjahr für Um-, Erweiterungs- und Neubauten, für Maschinen, Inventargegenstände, Kleidung und Wäsche sind unter die in Zusammenstellung A vorgesehene Spalte „Außerordentliche Ausgaben“ einzutragen. Danach kann der von der Behörde geleistete Gesamtzuschuß ermittelt werden; die Zahlen finden jedoch für die eigentliche Selbstkostenberechnung keine Verwendung.

Für Krankenhäuser mit Universität, Akademie oder anderen wissenschaftlichen Einrichtungen dürfte es zweckmäßig sein, die Aufwendungen für die Krankenpflege und Behandlung von den Kosten für rein wissenschaftliche Zwecke zu trennen und je besonders herauszusetzen. Für diese Berechnung findet die Zusammenstellung B — unter Zugrundelegung des Ergebnisses der Zusammenstellung A — Verwendung. Aus den Zahlen werden die Kosten und der Zuschuß zu den reinen Aufwendungen des Krankentages ermittelt, die dann mit anderen Anstalten verglichen werden können. Auch wenn die Aufwendungen für Unterricht und Forschung (Krankenhäuser mit Universität oder Akademie) nicht genau festzustellen sind, ist es immerhin für die Vergleichbarkeit mit einem reinen Krankenhausbetrieb erforderlich, daß diese Beträge bestmöglich angegeben werden.

In den Ausgabesummen müssen alle Leistungen für die Anstalt erfaßt werden, auch wenn sie nicht aus den Etatsmitteln des Krankenhauses erstattet, sondern bei einer anderen Stelle verrechnet werden (z. B. beim städtischen Hochbauamt, beim Personaldezernat, bei einer städtischen Materialverwaltung u. dgl.).

Wenn von einigen Krankenhäusern die Zahlen zu allen Einzelposten nicht ermittelt werden können, müßten sie innerhalb einer Gruppe zusammengezogen werden; eine möglichst weitgehende Aufteilung ist aber zu einer übersichtlichen Zusammenstellung und zur Vergleichbarkeit der Ergebnisse gleichartiger Anstalten unbedingt notwendig.

---